島田靖久
Yasuhisa Shimada

行政と司法のもたれ合い構造を問う

伊東市都市計画道路変更決定事件
逆転勝訴の記録

言叢社

本書は、著者が生前残した詳細なメモと聞取りをもとに、ご遺族と共に編集したものです。著者は昨年二〇二三年一〇月に逝去されました。

序　なぜ、本書刊行に至ったか

本書は、長期間未整備のまま放置されていた都市計画道路をめぐる訴訟において、逆転勝訴した本訴訟の原告である著者の記録です。

都市計画道路訴訟における日本の判例理論は、住民の側からみた場合、訴訟要件が極めて厳しく解釈・運用されてきたため、計画（変更）決定に対する取消しはもちろん、都市計画道路区域内における建築不許可処分に対する異議申立てについて門前払いされることがほとんどでした。事実、私どもの裁判、具体的には、静岡県伊東市の中心市街地を通る都市計画道路の変更決定に対し、地権者が行なった決定取消し及び建築不許可処分の取消訴訟（以下、伊東裁判と記す）においても、静岡地裁では、被告である行政（静岡県・伊東市）の主張を追認するだけで、私たちの訴えは「棄却」されました。しかし第二審の東京高裁においては、原告の訴えが認められ、逆転勝訴となりました。その後二〇〇八（平成二〇）年三月の最高裁で県・市の主張は棄却され、高裁判決どおり、私ども原告の勝利が確定します。この間の判例からみますと、都市計画道路の裁判で、却下されず最後まで具体的に審理が進んだ事例としては、私たちの訴訟が日本で最初だと思いますし、勝訴の判決を得たケースもはじめてのはずです。

ここまでたどりつけたのは、原告である住民の結束があったことが第一の要因ですが、くわえて私たちの闘いを支えていただいた笠原法律事務所の先生方、並びに実態に即したアドバイスをいただいた交通の専門家の方々のおかげでした。ここに、あらためて心より御礼申し上げます。

「勝訴」より大事な問題がある

私たち伊東裁判の原告は、いわゆる「勝訴」自体を特に喜んでいるわけではありません。むしろ都市計画（変更）決定手続、また地裁段階での審理において、日本の行政・司法から「道義」や「職責」に関する真摯な姿勢が失われていることが露わにみえ、さらには情けなく残念でたまらないのは、理念や法令遵守よりも「上意下達」「職務規定」と「人事権」に忖度して、権限をもつ者に唯々諾々と従っているような姿勢が、地方行政の末端にまで及んでいることです。

まちづくりの骨格となる施設である都市計画道路の決定や変更・廃止は、市民の重要な生活設計上の基盤であり、影響も大きいために、法令に基づく多くの計画基準等が定められ、適正な手続を経て運用されることになっています。もし、この「決定」が法令の基準に違反し、不適切な手続によって運用されるのであれば、まちづくりや市民の生活は一体どうなるのでしょうか。その点から違法な決定は重大な責任問題となります。

あらためて考えてみますと、こうした緊張感を失する事態を招いた原因の一端は、行政の住民無視の姿勢だけでなく、司法が本来果たすべき役割を放棄していることにあるのでは、と私には思えます。そしてその典型が、都市計画道路決定取消訴訟における「却下」判例です。

行政による決定が「違法か否か」を問う、決定段階における訴訟を門前払いしてきたのが、いわゆる「却下」判決ですが、その原点は、旧都市計画法に基づく一九五七（昭和三二）年の最高裁大法廷の判決にあるように思えます。新・都市計画法は、一九六八（昭和四三年）の旧都市計画法の廃止に伴い成立しますが、判例においては、旧法が廃止された後も変更されることなく、却下の理由を補充しながら、旧法同様の判決が引き継がれてきました。

本書を刊行する意図は、そうした判例の間違いを問いただすためでもあります。本書は、伊東裁判の過程で経験した司法の硬直した判例主義の実態、そこに関わる行政と司法のもたれ合いの構造、並びに「行政裁量権」を広範に認める判例の問題、さらには行政と議会の関係、都市計画審議会の内実、行政に利用される業界の姿など、その実像をできるだけご理解いただけるよう、私がメモしてきた記録を基にまとめました。

訴訟の動機

我が家は一九七五（昭和五〇）年に、先祖代々、住み慣れた東松原町を離れ、現在の住居に移りましたが、私たち家族にとって転居は、けっして望んだものではありませんでした。我が家の不本意な移転は、敷地の過半が拡幅予定の都市計画道路の規制区域の中に入り、コンクリート造の住居建築は不可という、やむをえない事情があったからです。

父は存命中、郷土史に強い関心をもっていて、家に残された古文書を整理したり、関係書類を探したりしていましたが、本人留守の間に二度も大火に見舞われ、大事に守ってきたものを焼失してしまったことを大層残念がり、「コンクリート造の家にしたい」と漏らしていました。しかし、規制区域外にあった敷地だけでは満足な家を建てることはかなわず、いやでも住み慣れた土地を離れざるをえませんでした。

この都市計画道路はもともと幅員一一mの計画（昭和三一年に決定、これを「原決定」という）でしたが、三〇年後の一九八八（昭和六三）年に開かれた住民説明会で、未整備区間一一〇mを幅員二〇mに拡幅する計画案が伊東市から示されました。その後、一九九〇（平成二）年の「海底噴火」に続く群発地震で住民説明会が中断され、父は病床につくようになりました。父からは「あとはお前に任すが、先祖代々引き継いできた本籍地だ。手放すことだけは……」と託され、私は父との約束を守ることをあらためて決意しました。

私は建築士という専門職の立場から、関わってきた多くの仕事を通じて都市計画道路の役割を理解し、また、対象地権者に課せられた国民としての責務も認識していましたので、頭の中では行政にとって必要な計画として合理的に判断されたものであれば容認せざるをえない、と考えていました。しかし、そのことは父の遺言を無視したり、必要以上の、ましてや不合理な計画までも了解する、ということではありません。

訴訟の背景と経緯

都市計画変更決定をめぐる経緯については、後ほど詳しく取上げますが、最終的には突然、伊東市から区間一八〇m、幅員一七mの計画で決定した、と一方的に聞かされました。

私たち住民は、変更説明の前から、原決定の幅員一一mでの拡幅の実施を市に対し要望していましたから、追加の拡幅には反対でしたが、その一方で測量等には協力的でした。そうした住民に対し、伊東市はその時点ではじめて、本計画道路がそれまで否定してきた県の事業であることを認めたうえで、静岡県からあらためて説明があることや公聴会を開くことなど、次回の説明会開催を約束しました。しかし、その約束は実行されないまま、県・市は変更決定のための手続を進め、後になってその結果を一方的に知らされただけでした。住民は行政のそうした対応に怒り、関係住民一四名が集団訴訟に踏み切ることを合意し決断したのです。

伊東裁判は当然ながら、「計画変更決定の取消し」を得ることが主な目的でした。しかし、過去の判例をみれば、「却下」という厚い壁があることが分かっていましたので、その前に却下判例が虚構であることを検証することからはじめざるをえませんでした。本書では、そうした私どもの判断が間違っていないことを示すため、まず過去の裁判における「却下」判例について、その根拠や理由をタイプ別に整理・分析し、いかに過去の判例が「机上の空論」であるかを確認することからスタートしています。

さらに、本訴訟における都市計画変更決定は、変更手続の違法性だけでなく、その変更内容・理由についても、多くのデータの捏造など違法行為がなされていました。こうした行政側が示す説明やデータ資料の問題点などに関しても、実際の状況に即し細かく記載しておきました。おそらく私たちと同じ立場に立たされた人たちが全国に多くいるはずで、その人たちと情報の共有を積み重ねる必要を痛感したためです。行政や司法による数々の言動から私たちが学んだ問題点を整理し、どこが市民の常識と異なっているのかを明らかにして、その言動にはどういう意図が含まれているのか今後十分注意すること、また行政には同じ過ちを繰返さないよう願いつつ、詳細に書き残しておきました。「三人寄れば文殊の知恵」を合言葉に、私たち伊東訴訟の原告は頑張りました。本書を共に闘った主役の前田邦弘さん・邦子さん、稲葉重雄さんに捧げます。

伊東市中心部地図
N
135号
135号(バイパス)
伊東駅
伊東海岸
湯川(一)
松原本町
伊東大仁線
東松原町
松川町
銀座元町
渚町
観光会館
伊東港

静岡県伊東市位置概要地図
神奈川県
富士山
御殿場
藤沢
鎌倉
東京湾
小田原
横須賀
富士宮
箱根町
静岡県
相模湾
富士
千葉県
三浦
三島
沼津
熱海
伊東市
伊豆
伊東駅
西伊豆町
河津町
東伊豆町
大島町
下田
南伊豆町

都市計画道路・伊東大仁線の計画変更の変遷及び周辺地図

作成：著者
福祉センター
はばたき
伊東駅
駅前ロータリー
都市計画道路 伊東駅伊東港線（始点）
通称：西口線
商業地域
猪戸通
135号
135号（バイパス）
ふれあい
センター
伊東大仁線
360m 区間
180m 区間
110m 区間
②
③
④
伊東海岸
商工会議所
ふじの
広場
伊東駅伊東港線（終点）
観光会館
伊東港
新井
至下田
（新井）
伊東大仁線 拡幅計画案の経過概要
① 全線
(全長 1320m、未整備区間 110m を残し、幅員 11m で整備済み)
② 360m 区間
(県・市の妥協で全線 17m 拡幅案 (県) から 360m 区間に変更。1995年 / 平成 7 年11月～翌年 8 月)
③ 180m 区間
(最終案は住民合意のないまま区間 180m、幅員 17m に決定。1996 年 / 平成 8 年 9 月)
④ 110m 区間
(市道・未整備区間。
国道 135 号・通称バイパスに接続)

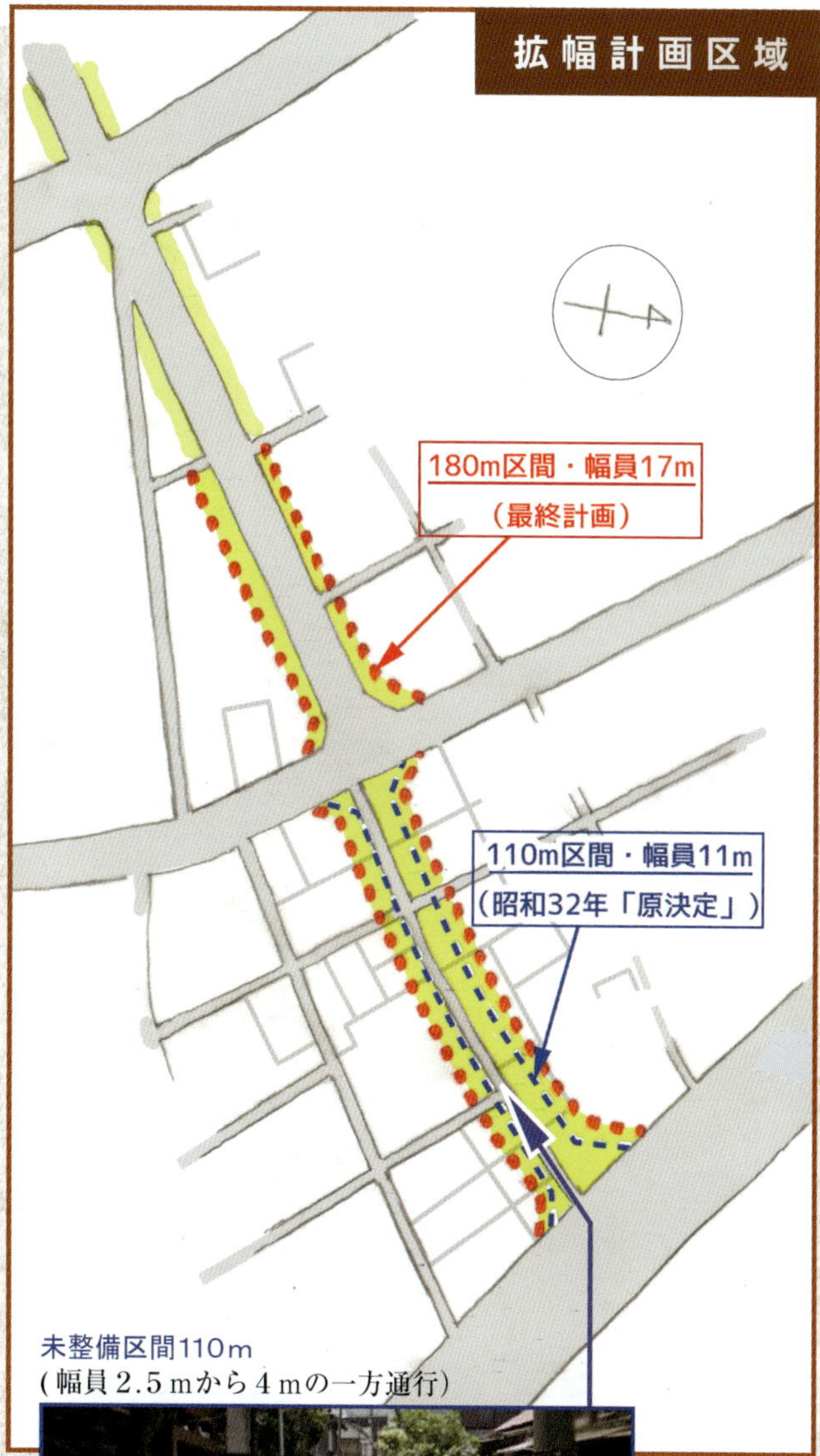

未整備区間110m
（幅員2.5mから4mの一方通行）

（2012年5月）

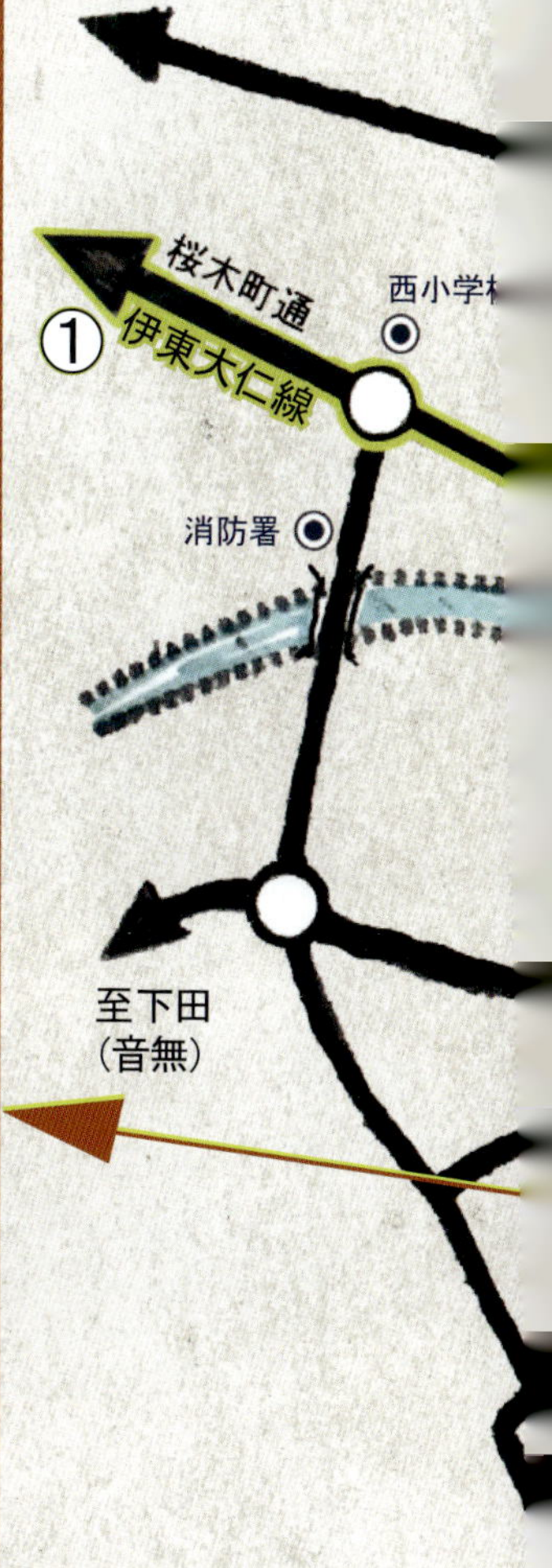

未整備区間110ｍ（紛争当時と現在の状況）

（1997年 当時）

（2024年9月 現在）

目次

一章　判例依存、思考停止の司法への疑問

過去の「却下」判例の分析から

はじめに

伊東訴訟の当事者である私たちが最初に行政から嘲笑気味に聞かされたのが、「裁判など無駄なこと、すぐに却下される」という言葉でした。例えば、当時の伊東市議会議事録にも「最高裁の判例により、すぐ却下される」との市の答弁が記載されています。従来の都市計画関連の判例を鵜呑みにしている人たちからすれば、疑うことのない結論なのでしょう。しかし、建築士として三〇年をこえる実務経験をもつ私からすれば、そうした行政側の期待はありえないことですし、また、あってはならないことでした。私たちは、そのありえないはずのことを実際の裁判によって証明したいと願い、訴訟に踏み切りました。裁判は一九九七（平成九）年六月に静岡地裁で始まり、東京高裁、さらに最高裁と約一〇年続きました。

一審の静岡地裁では私たちの異議申立ては「棄却」となりました。しかし、二審の東京高裁では、私たちが訴えた都市計画法第53条第1項に基づく建築許可申請に対する不許可処分を取消す判決となりました。それを不服とした行政側は、最高裁に控訴しましたが、判断がくつがえることはありませんでした。私たちは約一〇年の粘り強い訴えによって、司法の却下判断が「机上の空論」であったことを明らかにしたのです。

一章では、都市計画道路（変更）決定において、如何なる法理のもとで「却下」判例が繰返されてきたのか、過去の判例を分析しながら、その問題点を明らかにします。

1　新・都市計画法の制定と「却下」判例について

(1) 新・都市計画法と旧法——どこがどう違うのか

都市計画道路の裁判において、なぜ住民の側が行政の決定に不服申立てをしても、つねに厚い壁に跳ね返されるように「却下」されてきたのでしょうか。その理由を知るためには、明治憲法のもとに制定された旧都市計画法（一九一九／大正八年）と戦後の日本国憲法のもとで制定された新・都市計画法（一九六八／昭和四三年）のどこが、どのように違うのか、そこを明らかにすることで、一つの手がかりを得ることができそうです。

両者の違いを簡潔に表現すれば、明治帝国憲法のもとで国家高権（公権力優位）の考え方を色濃くもった旧都市計画法に対し、法の担い手を主権者たる国民においた戦後の日本国憲法下で成立した新・都市計画法との違いに求めることができます。

ここで日本の都市計画の理論・実務に精通されている田村明氏（横浜市企画調整局長を経て法政大学教授）の本（『都市計画』岩波書店、一九七七年）を参照しながら、日本の都市計画制度の歴史について、簡潔に触れておきます。

日本の都市計画法の歴史と思想

日本の都市計画は明治時代、帝都東京をヨーロッパ風の都市並みに整備するところからスタートしています。旧都市計画法は一九一九（大正八）年に成立していますが、その前身となったのが一八八八（明治二一）年の「東京市区改正条例」の公布でした。この市区改正条例は、ナポレオン三世時代のパリの都市改造をモデルにして、帝都・東京の権威を内外に示すことを第一の目的としていました。その後、東京市区改正条例は大正七年に、東京市だけでなく大阪、京都、名古屋、横浜、神戸の六大市にまで適用され、翌大正八年には市区改正条例に代わって新たに「都市計画法」が制定されます。しかし、この都市計画法は、国威発揚、富国強兵、軍事防衛、経済発展など、国家目標の実現の思想に貫かれていました。

同法第1条は「都市計画ト称スルハ、交通、衛生、保安、経済等ニ関シ、永久ニ公共ノ安寧ヲ維持シ又ハ福利ヲ増進スル為ノ重要施設ノ計画ニ関シテ市ノ区域内ニ於テ又ハ其ノ区域外ニ亙リ執行スヘシモノヲ謂ウ」とあります。ここでいう「公共ノ安寧、福利」とは都市を構成する市民の利益というより、国家目標の実現が中心でした。また第二条は「都市計画、都市計画事業及毎年度執行スヘキ都市計画事業ハ都市計画審議会ヲ経テ主務大臣之ヲ決定シ内閣ノ認可ヲ受クヘシ」とあるように、都市計画は都市自治体による都市の計画ではなく、あくまで国により決定される国のための計画であり事業でした。なお同法は一九三三（昭和八）年の改正で、その目的に「防空」が加えられ、いっそう軍事目的へと傾斜していきます。

新・都市計画法が成立するのはようやく一九六八（昭和四三）年になってからです。その背景には日本の社会の変化、つまり第二次大戦が終わり、日本の社会が昭和二〇年代、三〇年代の戦後復興期を脱し、

表1　新・旧都市計画法の対比表

項　目	旧都市計画法	新・都市計画法
制定等	大正8年、勅令制定（新法施行で廃止）	・昭和43年に制定、同44年に施行。 ・国会審議で法16条（住民周知）を追加修正し可決。
主権・議会	天皇帝国議会（多額納税者）	・国民（20歳以上の国民の）普通選挙による国会。
目的	治安・防空・防火等	・都市の健全な発展、秩序ある整備を図り、公共の福祉の増進に寄与。
決定権者	戦前は内務大臣、戦後は建設大臣	・知事（大半は大臣認可）、市町村長（平成12年地方分権一括法以降、規模により知事承認） ・その役割:広域的根幹的見地からチェック、地権者擁護。
条文数	法（33）　政令（31）省令極めて少ない	・法(127)政令(86)省令(86)計(299ヶ条)他に告示、通達多数。規定条項が飛躍的に増大、かつ明確・緻密となる。
計画基準	・条文内容が一般的、抽象的、対象は不特定とされた ・裁量権あり	・都市計画基準（法13)、規定詳細化（政令省令）により基準化、明確化(政令委任主義)。・施設計画は即地的具体的に。・基礎調査の結果に基づく等、多くの基準の遵守が優先（建設省回答、専門家、他)。・選択の範囲で裁量権はある。
住民説明意見書等	・周知規定無し ・意見の反映無し	・住民説明、意見書提出(法17)。・公聴会の開催等(法16)。・都市計画審議会の役割(地権者擁護、内容チェック)。

高度経済成長時代に突入し、本格的に都市化の時代を迎えることになりました。新・都市計画法第2条は「都市計画は、農村漁村との健全な調和を図りつつ、健康で文化的な都市生活及び機能的な都市活動を確保すべきこと」と、戦後日本国憲法の理念を受けた内容へと一八〇度転換します。

旧法の考え方が色濃く残る

また、旧法では計画の主体は計画決定から事業執行まで、国（戦前は内務大臣、戦後は建設大臣）が主体でしたが、新・都市計画法では計画決定者は自治体に代わっています。ただし、その決定は都道府県知事止まりで、しかもほとんどの決定は「予め主務大臣の認可を得る」と規定されており、市町村長には十分な権限が与えられていませんでした。なお、都市計画権限が市町村にまで下ろされるようになったのは、二〇〇〇年の分権改革一括法以降からです。本訴訟の争点となった都市計画道路の計画変更取消訴訟も県知事権限のもとで争われています。そのことについての問題提起は二章で詳しく記すことにします。

以上述べてきたことを踏まえ、表1に新旧の都市計画法の対比表をまとめておきます。

この新旧対比表から留意しておくべきことは、新法は旧法の改正ではなく（旧法は「廃止」）、新・都市計画法は、その目的・内容等ともに、まったく性質の異なる法律だということです。しかし、以下に示す判例からうかがえるように、新・都市計画法の時代になっても判例は旧法時代の国家高権の考え方を色濃く残したまま受け継がれています。こうした事態について都市計画の研究者は次のように説明しています。やや長くなりますが、重要な指摘ですので、引用しておきます。

日本の判例理論では、都市計画への異議申立てをしようにも、行政訴訟の根拠法である行政事件訴訟法（以下「行訴法」という）に基づく処分性、原告適格、狭義の訴えの利益といった訴訟要件が極めて制限的に解釈・運用されてきたため、そもそも救済のルートにさえ乗らずに門前払いにされることが多かった。

本来的には法の担い手であるはずの主権者たる国民が、実際には法律の制限的な解釈・運用のために、本案審理を受ける場に登場できず、司法統制がうまく機能しないという事態が続いてきた。また、仮に訴訟要件を満たして本案で行政活動の適法性、違法性を争うことになっても、行政庁には自由裁量が相当広範に認められているため、重大な事実誤認や社会通念に照らしての顕著な妥当性の欠如という余程の欠陥がある場合などを除いて、専ら適法判断が下されてきた。

　こうした都市計画に関する行政訴訟制度やその運用実態は、一面では行政庁の専門技術的・政策的判断の尊重という観念に結びついた行政の無謬性神話、換言すれば行政庁による公益判断は常に適正・妥当な結果をもたらすという社会的通念に裏打ちされたようなものであろうが、その法治主義的機能不全状況を改善し、国民の権利利益の実効的な救済を図ることを目的として、平成一六年に行訴法の抜本的改正が行われ、原告適格に係わる解釈指針の法定化等が行われた。しかし、処分概念の変更は積み残し課題とされた等、国民の権利救済への道は未だ険しい。都市計画に係わる国民本位の司法制度の構築は、権利利益の保護のみならず、多元的利益の民主保障、さらには事前的統制の合理性や実効性の向上を図る意味でも、今後の課題である。
　＊川崎興太「計画裁量の司法的統制と都市計画訴訟制度及び都市計画制度の再構築に向けた検討課題――伊東市都市計画道路変更決定事件　東京高裁判決を素材として」（日本都市計画学会『都市計画論文集』No・43－2　二〇〇八年一〇月）

なお川崎興太氏は、行政庁の公益判断をつねに適正・妥当とみなす（これを同氏は行政の無謬性神話と表現）日本の司法状況下で、私たちの訴えに対し東京高裁が下した判例は「異例の判決」だと述べています。こうした発言を待つまでもなく、都市計画決定に対する住民からの異議申立ては本来、新・都市計画法の考え方に基づき判断されるべきものですが、現実は、新法の時代になっても、依然として旧法の判例を踏襲する状況が続いています。その根拠、理由はいったいどこにあるのか大いに疑問です。

「はじめに」でも述べましたが、本書は、そうした判例の間違いを問いただしたいという思いを込めて刊行したものです。

私たちの訴訟について論じるまえに、いま述べたような思いを込めて、以下に都市計画道路裁判における判決理由の類別とその内容・主張の整理を行なうところからはじめることにします。

(2) 過去の判例の類型と問題点

都市計画決定取消訴訟等をめぐる過去の主要な判例に関し、その判決理由のポイントを表2にして整理してみました。

表2　都市計画道路裁判の判例（抜粋）

年月／事件／判例	判決理由の要点
① 昭和32年 最高裁大法廷　却下	・決定は一般的抽象的決定…対象は不特定多数。 ・道路の都市計画は抗告訴訟の対象となる行政処分（特定個人の権利の制約）にあたらない。 ・判決は1969年廃止の旧都市計画法に基づく判断。
② 昭和41年2月23日 最高裁大法廷　却下	・上に同じ。
③ 昭和50年8月6日 最高裁第1小法廷　却下	・土地区画整理事業に関して都道府県の為した都市計画の決定は抗告訴訟の対象とならないものと解すべき。 ・また憲法32条（裁判を受ける権利）に違反するものではない。
④ 昭和50年4月 京都地裁行政庁の訴訟参加申立事件　却下	・京都市内の都市計画（市街化調整区域）決定をした府知事に対し、取消訴訟をおこす際、知事決定にあたり協議すべき相手方である指定都市の長を訴訟に参加させることの要否。
⑤ 昭和52年8月29日 名古屋地裁 都市計画街路路線変更処分取消訴訟事件 ＊上記、昭和50年の最高裁判決にならう　棄却	・都市施設に関する都市計画決定およびその変更決定は、爾後の都市計画事業の基礎を定めるものにすぎず、それ自体で国民に対し直接の法的効果を生ずるものではなく、行政処分にあたらない。 ・具体的な権利義務の変動は、後続の事業計画に伴う処分（収用、仮換地ないし換地処分等の措置）の取消訴訟においてはじめてその違法事由を主張しうる。

年月 / 事件 / 判例	判決理由の要点
⑥ 昭和54年7月19日 水戸地裁 鹿島臨海都市計画道路変更処分の請求事件　却下	・都市計画の法定処分及びその変更処分は、いずれも都市計画の策定に続いて実施されるものと予定されている都市計画事業の円滑な遂行を図るための一般的、抽象的な計画の決定にとどまるもので、通常の行政処分つまり特定の個人に対し直接その権利義務に変動を及ぼす性質のものでなく、むしろ立法行為的性格をもつというべく、抗告訴訟の対象としての成熟性に欠るものとみるのが相当。 ・権利救済は後続の段階における土地収用等に対する抗告訴訟において救済されるのが相当。
⑦ 昭和55年2月27日 横浜地裁 東京湾岸道路都市計画決定取消請求　却下及び棄却	・都市計画道路の延長に伴う変更・追加に対する路線に近接する住民原告らが当該道路の建設、供用に伴う大気汚染、騒音、振動の増大等の交通公害により、生存権、人格権、環境権が侵害される蓋然性が高いこと、変更決定に関する住民周知を怠るなどの手続上の瑕疵を理由とした県知事への決定取消請求と、同知事らの審査請求を不適当として却下した建設大臣の裁決の取消しを訴求するもの。 ・上記の水戸地裁、東京高裁と同趣旨で却下及び棄却。 ・いわゆる環境権については、本件都市計画変更決定の法的効果ないしはその付随的な効果として発生したものではなく、権利損害の救済は、侵害のより具体性を有する段階で図られるべきであって、変更決定の段階はいまだ訴訟事件としての成熟性を欠く。
⑧ 昭和59年11月12日 福島地裁 昭和61年7月30日 仙台高裁 昭和62年9月22日 最高裁第3小法廷 県北市計画道路変更決定取消請求事件　いずれも却下	・県知事が出した都市計画道路の変更に対する道路予定地上に建物、土地を所有する原告ら当該決定は法所定の手続を経ずなされたもの、また騒音、大気汚染等の公害をもたらすと主張し、取消しを請求。 ・上記の各判例同様の理由で「行政庁の処分」にあたらない。 ・決定・告示に伴い、建築制約が課せられるが、これは不特定多数の者に対する、抽象的な制限にすぎず特定の個人への具体的な行政処分ではない。 ・後続の処分への抗告訴訟の提訴でも権利救済が図られうるので、本件決定は抗告訴訟の対象とはならない。 ・最高裁でも原審判（本件の都市計画変更決定が抗告訴訟の対象となる行政処分にあたらない）を昭和32年の大法廷、同35年12月7日判決に徴して正当と承認。

年月／事件／判例	判決理由の要点
⑨ 平成13年9月28日 盛岡地裁 平成14年5月30日 仙台高裁 平成17年11月 最高裁　盛岡市都市計画道路損失補償事件　棄却	・昭和13年決定の都市計画道路区域内に土地・建物を所有する原告が60年以上にわたり建築制限を受けたことにつき、盛岡市に対して、①都市計画決定の取消し、②国家賠償法に基づく慰謝料の支払い、③憲法に基づく財産権補償を請求。 ・長期間事業が着手されなくても、都市計画決定権者が法的義務に違反しているとはいえず、裁量権の範囲内にあると解するが相当。 ・建築制限による損失は一般的に受忍すべきものとされる制限の範囲をこえておらず、憲法29条3項を根拠として補償請求することはできない。 ・なお最高裁で一裁判官の補足意見として、都市計画制限が損失補償なく認められるには、合理的な理由が前提になければならず、これを欠く場合は補償を要すること、さらに受忍限度の判断にあたっては、制限の内容と期間を考慮すべきだと説示。

さらに、以上の過去の主要判例をもとに、判例の類別並びに判決理由の骨子とその問題点について整理しておきます（次頁・表3）。

2　根拠のない「処分性無し」の法理

表3の判例類型から分かることは、大きく①「処分性が無い」（権利の変動、制約、損害が発生しない）とする場合と、②「処分性がある」とする場合の二つに分別することができます。①「処分性が無い」理由としては、（i）「訴えの利益が無い」「原告適格に欠ける」等の場合と、（ii）都市計画決定はあくまで一般的・抽象的な決定にすぎず、対象も不特定多数とする、というのがあります。一方、②処分性を認める判例では、（i）後続段階（都市計画事業の認可と施行）において権利回復の可能性があり、（救済手段があるので行政処分といえず、損害も解消する）とする

表3　判例の類型と問題点

		類型	問題点（事実の誤認、無視）
①処分性あり	① i	・訴えの利益無し。原告適格、当事者能力に欠ける。	・道路の状況は地権者だけでなく、周辺住民、利用する全住民に影響を及ぼすことを無視。
	① ii	・対象は不特定・多数。一般的・抽象的決定。 ・法律的効果（立法行為的性格、事件としての成熟性に欠け、個別具体的な処分でない。 ・権利義務の変動は無い。	・特定土地（個人）に対する即地制、具体性を否定。 ・処分性（権利の変動・制約、損害の発生）の無視。
②処分性無し	② i	・処分があっても後続段階で救済手段があり、提訴、違法取消しとなれば、制限が解除される（権利の回復が可能）。 ・設計料等の経済負担が無為にならない。制限（損害）は解消（回復）→処分といえ無い。 ・後続段階の訴えでの「無用な混乱の懸念」は根拠不十分。また決定段階での訴訟による権利の救済と比べ（後続段階での）救済程度は必ずしも劣らない。	・処分性（権利の変動・制約、損害の発生）を仮定しても救済手段があり、回復可能？ ・時間的観念がない。 ・不利益・損害の実態無視。
	② ii	・処分性（制約・損害）はある（発生する）がその損害は小さく、受忍限度内であるから、補償の対象にならない。	

理由（昭和六一年、仙台高裁）と、（ⅱ）処分性はあるが、その損害は受忍限度内で、補償は認められないとする判断があります（盛岡訴訟）。そこでまず、①「処分性が無い」場合の問題点を分析するところからはじめることにします。

先の川崎氏が指摘する「訴えの利益が無い」「原告適格に欠ける」「処分性無し」といった訴訟要件が制限的に解釈されてきた理由の背後には、この①が前提になっていると考えられます。そのことを検討した後で、②の類型について詳細に検証したいと思います。

私たちの異議申立ては、①ⅰを中心とした原告適格の狭き門をくぐりながら、いかに①ⅱの一般的・抽象的決定という法理論をこじ開けるかを想定しながら開始されています。その経緯については、この後の「(2)「処分性無し→「却下」の壁をどう越えるか」で論じることにします。なお、静岡地裁の審理過程で、行政庁の訴訟参加申立て（具体的には伊東市の訴訟参加）を行なっていますが、これに関しては二章で扱うことにします。

(1) 利害関係者（原告当事者適格）の範囲について

表3の①ⅰ「訴えの利益無し」「原告適格、当事者能力に欠ける」等の指摘のもつ問題性を明らかにするには、原告当事者の範囲をどうみるか、が前提になります。そのためにはまず、都市計画道路のもつ役割・機能とは何かを考え、そのうえで利害関係者（原告適格・訴えの利益者）の範囲についても考えてみたいと思います。

〈都市計画道路の役割・機能〉

・都市計画道路とは、「都市計画法に基づき、位置・幅員などが決められたまちの骨格となる幹線道路」であり、「都市の秩序ある発展……公共の福祉の増進に寄与……」するための道路で、利用対象者は広範な市民一般であり民間企業等です。

・駅等の公共公益施設への通行（権）という側面からみれば、公道であるその路線の利用者（車・歩行者、企業等）を含む利害関係者は地権者だけでなく、周辺住民をはじめ当該道路を利用する市民全般の広範囲にわたります。

そこから〈利害関係（原告適格・訴えの利益）者の範囲〉を導けば、

・法律的利益の有無が原告適格・訴えの利益の要件であるといえども、利害関係者としては計画区域内の地権者だけでなく、沿線周辺の近隣住民・居住者が含まれることは明白であり、このことについては過去の判例でも認めている場合があります。くわえて道路の役割・機能からしても、広範囲にわたる「路線利用者」の通行権等も含まれる、と解すべきだと思われます。

・以上のことから、道路に関する「法律的利益」とは、土地の所有権者だけでなく、路線の利用者にとっても、その機能に沿って安全・円滑に「通行する権利」が含まれているはずです。

・さらに、都市計画関係の法令解釈・運用本や各自治体の「基本計画」や「マスタープラン」も、広く周知をはかる旨（広く周知する傾向は外国でも同様）の記載をしているように、都市計画上、住民の生活・営業等の関係から、利害関係者の対象として地権者以外を排除する合理的な理由はありません。都市計画自体も広く周知をはかるとされていることからも「利害関係者」を狭義にとらえるべきではないといえます。

しかし過去の判例では、先の表3で整理したように、訴えの利益や原告適格の範囲が極めて制限的に解釈・運用されてきたため、都市計画道路の決定（変更）に伴う影響は、周辺住民をはじめ広範な市民に及ぶにもかかわらず、原告要件からは除外されてきました。

さらに、都市計画道路の決定はあくまで「その後に予定されている都市計画事業の円滑な遂行のための一般的・抽象的な計画決定にとどまるもので、特定の個人の権利義務に直接変動を及ぼすものではなく……」、それゆえに「処分性（権利の変動、制約、損害の発生）が無い」という理由で「却下」つまり門前払いに至るという判例が基本的パターンとして踏襲されてきました。そのため私たちが都市計画道路・伊東大仁線の変更決定の取消訴訟に踏み切るにあたって、この「処分性無し」→「却下」の判例理論をいかに乗りこえるかが第一の関門でした。

(2) 「処分性無し」→「却下」の壁をどう越えるか

静岡地裁の判決では、「却下」つまり門前払いではなく、行政裁量権に基づく「棄却」判決で終わりました。しかし、そこに至る経緯で、裁判長は事あるごとに「却下」をちらつかせながら訴訟全体を指揮しようとしました。その詳細についてはこの後二章で扱うことにします。もちろん私たちの提訴の目的は計画変更の「決定取消し」にありました。しかし、そこにたどり着くには、繰返しますが、過去の判例を踏襲した「処分性無し」→「訴え却下」の厚い壁を越える必要があり、そのための対策をどうしても講じることが第一の関門でした。

都市計画道路の決定では、事実上「建築規制＝権利制限」という行政処分を課しているにもかかわらず(都市計画法54条)、過去の判例では、その後に予定されている都市計画事業の円滑な遂行のための、あくまで「一般的、抽象的な計画決定にすぎず、特定の個人の権利義務に直接変動をおよぼすものではない」故に、「処分性が無い」という法理がとられています。この法理によれば、表3にあるように特定土地(個人)に対する即地的かつ具体的な「処分」の実態は無視され、その違法性を問う訴訟においては、端《はな》から

「却下」という、いわゆる門前払いの判決が待っているだけです。

しかし、三〇年以上も一級建築士として実務に携わってきた私からすれば、この「行政処分無し」という論理は実に不可解な判断にみえます。計画（変更）の「決定・告示」が建築規制＝権利制限であることは、建築業界に身を置く者であれば、だれもが知っていることです。知っているが故に、建築申請の際は不許可になることが分かっているような建築許可申請を行なわないだけの話です。つまり、不許可処分になるような建築申請をしないようにあらかじめ配慮するのは、建築規制＝権利制限の法規制（都市計画法54条）が存在することが前提にあるからですが、処分性無しの判決理由からは、そうした実務上の実態は無視されています。こうした現実とかけ離れた判例理論に本当に客観的合理性があるのかという疑問が当然のこととして浮かび上がってきます。最高知性集団であるはずの法曹界において、そのことに長期間にわたって疑問の声さえ聞かれなかったことは、本当に不思議なことでした。

繰返しますが、私たちがなぜ訴訟に踏み切ったのか、その背景には裁判を通してこうした問題を検証しながら、本章冒頭で述べたように司法の「却下」判断がいかに机上の空論にすぎないかを明らかにすることでした。また、そのことを通して最終的には、旧都市計画法の思想を引き継いだような判例は廃棄すべきであり、さらに決定後の都市計画事業段階ではなく、計画決定の段階において、訴訟内容について審理が開始されるべきことを訴えるためでもありました。

(3) 決定・告示による「行政処分」の証明と確認

では、伊東裁判では「却下→処分無し」の論理をこじ開けるために、具体的にどのような対策を講じたのでしょうか。都市計画道路・伊東大仁線の計画変更は、一九九七（平成九）年三月一七日の静岡県都市計画審議会での審議を経て、同月二五日に正式に決定されます（整備区間一八〇m、幅員一七m、詳細は四章）。それを不服として同六月二三日に、私を含む住民一四名で、都市計画道路変更決定の取消請求を行ない、受理されます。静岡地裁ではこの提訴を平成九年「第10号事件」と呼んでいました。

私（本書末「年表」でいう控訴人A）は、あらかじめ「却下」を予測していましたので、同年七月一一日に、却下による「行政処分無し」の判決を避けるため、規制区域におけるRC造地下一階地上三階建ての「建築許可申請」を提出します。その行為に対し静岡県から許可申請の取下げ要請がありましたが、私はそれを断り、八月一一日に「建築不許可処分」となりました。それを受け、私は同処分の取消しを提訴、一〇月二一日に建築不許可処分取消請求事件（甲事件）となります。この間、裁判は初回から、県はもちろんのこと地裁からも「却下」の声が聞かれました。

その声に抗するように翌平成一〇年四月一三日、私を除く五名（年表では控訴人B、C、D、E、F）で、都市計画道路区域内に地上六階・地下一階の鉄筋コンクリート造の建築物の建築許可申請（共同ビルの建築許可申請）を行ないます。その許可申請も当然のこととして不許可処分を受けたため、甲事件同様に取消請求を行ない、七月一〇日に乙事件として受理されます。

その経緯については、二章で詳しく述べることにしますが、上記10号事件（都市計画道路変更決定の取消請求事件）と、甲・乙の二つの「建築不許可処分取消請求事件」はいずれも都市計画道路の変更決定の違法、取消請求として共通していますので、私たち原告は三事件の併合を求め、認められます。なお、ここで確認しておかなければならないことは、この建築不許可処分を含めた経緯を経ることで、処分性無し↓故に「却下」という法理は崩れることになります。つまり上記三事件の併合により、被告・県や市の楽観的「誤信」による期待に反し、司法の「却下↓処分性無し」の判断は、机上の空論であることが明らかになりました。

この事実は、都市計画決定段階において、不許可を覚悟で規制区域内にRC造など、建物の「許可申請」をすれば、すぐにも「不許可処分」、すなわち規制区域外であれば認められるはずの建築自由の正当権利に対し、「権利の制限」が実際に生じていること、くわえて一定の「損害（構造・建材・階数・容積等の制限による自由な計画の禁止）」が発生したことを証明しています。つまり都市計画決定には「処分性が無い」ことを「却下」の理由としてきた長年の判例は、繰返しますが「机上の空論」なのです。

3　一般的・抽象的決定、対象は不特定・多数という判決理由の問題点

さて、次に表3の①ⅱでいう、計画（変更）決定はそれ自体で直接の法律効果を生じさせるものではなく、あくまで一般的・抽象的なもので、対象は不特定・多数という判例理論に関し、これもいかに「机上の空論」にすぎないか、次の二点から検討することにします。

(1)特定の土地・規模等を前提とした都市施設（道路等）の計画

「都市計画」は大きく二つ、都市施設（道路等）のように整備事業を行なうことを前提にした都市計画と、線引き制度（市街化区域と市街化調整区域）や用途地域のための土地利用規制のように整備事業を伴わない都市計画に大別されます。本件都市計画道路・伊東大仁線は当初、幅員一一mへの拡幅事業を行なうことを前提とした都市計画でした（最終的には、抜き打ち的に一一m→一七mに変更されたため、計画変更取消訴訟となる）。いずれにしろ都市計画をめぐるこの二つの性格の違いを見誤らないようにしなければなりません。

道路等の整備事業を行なうためには当然のことですが、次に示すように具体的な土地を特定し、位置や規模の範囲を定める計画図書（図面等）が必要となります。そのために基礎調査等を含め多くの計画基準がおかれ、かつ、その趣旨や解釈・運用上の注意点等が通達等により具体的に示されることになります。この手続からも、都市計画道路の決定（変更）は、けっして一般的・抽象的なものではないことが分かります。

(2) 都市施設の整備は「即地性・具体性」をもち、対象は「特定の土地・個人」

一九六九（昭和四四）年に新・都市計画法が施行されるに伴い、道路を含む都市施設の整備を具体化するために、以下の法令や施行通達等が示されています。

①法（14-1、2）「都市計画の図書」：省令で定める総括図、計画図及び計画書で表示し、その表示は、地権者が自己の権利に係る土地がこれらの区域に含まれるかどうかを容易に判断できるものとする。

②局長施行通達　：計画図の縮尺は……法14条－２の規定の趣旨に従い、できるだけ縮尺の大きい図面により定めること。
③平成五年六月建設省通達：都市施設は（マスタープラン等の基本方針と異なり）即地的内容及び具体的な事業について定めるもの。
④平成九年六月都市計画中央審議会の答申：都市計画は、即地的かつ具体的に図面上に定めるもの、対象（土地）は限定される。

以上の通り、都市計画道路の（変更）決定においては、都市計画法14条－１、２及び同法に基づく局長「通達」によって、「図面上に、容易に判断できるよう、なるべく大きな縮尺で、即地的内容及び具体的な事業について定め、対象は限定（特定）される」ことが明記されています。この一連の手続からも明らかなように、判例でいう「一般的・抽象的決定、対象は不特定・多数」とする根拠はどこにも見当りません。にもかかわらず、実際の裁判において旧都市計画法における同旨判例が踏襲されていることは大きな間違いといわざるをえません。

本章の冒頭で、新・都市計画法と旧法のどこに違いがあるのか、整理しました。その比較から明らかなように、旧法は条項数が大変少なく、具体的な判断基準も示されていないため、決定権者（戦前は内務大臣、戦後は建設大臣）の裁量によって決定することはありえます。しかし、新・都市計画法が施行されるようになった一九六九年以降は、新法に基づき解釈・運用すべきことは至極当たり前であり、当然のことです。それを「判例主義」への依存や破綻判例の無理な補強は、処分性つまり権利の変動・制約、損害の発生を否定する理由とはならず、むしろ司法への信頼を損ねることになるのではないでしょうか。

さて、以上の論点は、表3の①ⅰ、ⅱでいう「処分性無し」に関する判例批判でしたが、次の問題は、表3②ⅰ、ⅱの論点、つまり「処分性はある」が、後続段階において権利の回復は可能であり、結果として「損害無し」とする判例の問題点です。

4　後続段階での権利回復は可能か――仙台高裁判決を事例に

表3の②は、決定段階において「処分」がされたとしても、後続つまり整備事業段階において提訴し、判決が違法→取消しとなれば、「処分」は解消する（処分が無くなる）ので、損害も回復するとして、「救済手段がある……ので行政処分に当たらない」という法理です。こうした問題点を具体的に検証していくと、明らかに時間観念のなさ、不利益・損害の実態無視が浮き上がってきます。損害・不利益が生じる理由について、以下に指摘しておきます。

(1) 建築（権利）制限による具体的な損害の発生、損害回復の困難性

まず、建築（権利）制限がされることによる不利益・損害の内容について整理します。

計画（変更）決定・告示により、建築制限の内容（許可要件）が明記されます（都市計画法54条、高さ一〇m以下で地下を有しない等）。私たちが申請した建築不許可処分取消請求事件（甲事件、乙事件）では、

甲事件は地下一階・地上三階建の床面積（RC構造）、乙事件は地上六階・地下一階の鉄筋コンクリート造でしたから、不許可になることは折り込み済みでした。なお、着工前の処分ですから、建物費用はゼロですので損失は発生しません。ただし利用価値のある床面積の減少等の逸失利益は発生します。

つぎに利用価値の減少について。規制区域の土地（A㎡）の所有権は整備段階まで残りますので、評価の変動を無いものとすれば減額は生じません。しかし規制による利用価値（B＝最大でA㎡×容積率）は減少します。減少床面積の評価は用途により異なりますが、店舗などの賃貸用であれば、相応の不利益がありえます。なお、ドイツやアメリカでは計画決定時に損害を認め、アメリカの場合、上記Bの容積移転を認め、損害を早期に解決する制度が用意されています。

最後は、整備延長等の期間（年数）に伴う損害の発生についてです。無視できないのは、損害が発生する計画決定段階から後続の整備事業段階にいたるまでの時間（年数）です。都市計画法では概ね二〇年後を整備の目標年数としていますが、日本各地でおそらく四〇、五〇年遅れはざらで、長いものでは七〇年前後の遅延がみられます。

この整備の延長年数を無視できない理由として、次の四点が想定されます。

・法令等の改正により、設計基準（用途、容積、構造等の規制）が変わりうること。
・社会・経済事情の変化の速度が早まり、需給バランスの変化や（土地などの）評価の上下変動などの景気の変化がみられること。
・材料ないし工法の開発や進歩、また省エネ化や効率化など技術の発展などで、効率の悪い古いものは経済的価値が無くなること。
・関係者の老齢化、住まいの移動、死去等々もあること（証人、証拠等の離散）。

以上のように、整備事業の遅延による損失リスクは年を経るごとに増大します。計画決定段階から後続段階までの年数に加えて（提訴が遅れた人など）提訴が受理されるまでの年数、その合計年数、その間に右のようなリスクが無いといえる人は誰もいないはずです。仮に事業が止まり「勝訴」となっても、既に進んだ事業であれば、それを壊して昔に戻せるか分かりません。そうしたことを考えれば、果たしていかなる権利が回復し、どういう損害が解消するのでしょうか。以上のような問題点をもつ代表的判例として仙台高裁の判決があります（昭和六一年七月三〇日判決、原審同様「却下」、表2-⑧）。

(2) 仙台高裁判決に即して

疑問その1——後続（整備事業）段階での権利救済は可能か

これまで述べてきた「却下」判例の疑問並びに上記の整備が長期間及ぶことに伴う損失の発生の問題を参照しながら、後続段階での権利救済が可能かどうかの問題を検証してみます。

判決理由1：「本決定・告示に伴い……建築制限が課せられる……が、これは……法令制定……と同様の不特定多数の者に対する一般的、抽象的な制限にすぎず、特定の個人に対する、具体的な行政処分がなされたことに基づく効果ではない」。

その理由については、先の3-(1)(2)で述べたように、都市計画道路の（変更）決定はけっして一般的、抽象的なものではなく、また「不許可処分」（制限の事実）は即地的、具体的に特定区域の特定個人・土地を対象としてなされた効果そのものであることを示しており、従って、上記判決理由は不当といえます。

判決理由2：「……後続の……建築不許可等の処分がなされ、……関係者の権利、利益が害される……場合には、……決定の瑕疵を根拠に、……処分の取消しを求める訴訟の提起……が許され……、権利の救済が図られるべき……」「……後続の処分への抗告訴訟の提訴でも十分権利の救済が図られうるのであるから、本件決定は抗告訴訟の対象とするに適さない。」

まず、確認しておくべきことは、「決定の瑕疵を証拠に……、処分取消しを求める訴訟の提起……が許される」とありますが、先に指摘したように、計画決定段階ですでに権利、利益が害されていることは明らかですので、行政処分（建築不許可）とその原因である計画（変更）決定を対象とする取消請求を早期に行なうことは、適正だということです。

次に、「……後続の処分への抗告訴訟の提訴でも十分権利の救済が図られうる……」点は、実情における時間的観念がまったく欠けており、机上の空論といえます。事実、相当数の都市計画道路は、決定から現在にいたるまで、七〇年前後を経過しても未だ整備の目途すらも立っていない路線も多く、四〇、五〇年を超える事例も数えきれないほど多いのが実態です。

このような実情の中で、例えば四〇年経過して後続の整備事業に際して行政処分への訴訟を行なった場合を想像してみれば、「十分権利の救済が図られうる」か否かの結論は、右記(1)であげたような具体的な損害の発生、損害回復の困難性からも容易に想像できます。

疑問その2――時間差に伴う損害実態を無視

整備事業開始前には「事業認可」等の手続が必須であり、実際には法による事業説明会等での時間も要します。その間、行政は現実的手順として（反対者等でなく）賛成者・希望者から個別に買収・補償の交渉を進め、認可を待ってすぐに実行し事業を進行させるための準備をするのが通常です。

また伊東市の場合のように、事業認可や事業説明会の実施どころか、変更決定すらしていない段階で、しかも（計画変更案の）住民説明会より先に買収・補償を急いだケース（手続違反の疑い）もあり、異論封じのため、既成事実化を推進することがありえます（その経緯については四章で詳しく説明します）。

さらには、通常は賛成者といえどもすぐには買収・補償額に応じない人も多く、いわゆる反対者はさらに後回しになるので、その間、賛成者等に対する契約・支払後の移転や建物解体の整備事業が相当数進行してしまうのが実情です。一方、反対者等が抗告訴訟を起こすケースをみると、隣接地の解体や跡地の仮舗装等が進んだ頃、むしろ多くは強制収用処分等が身に迫ってからの提訴がみられます。裁判官は、果たしてこうした現実の状況を把握したうえで判断しているのか、極めて疑問です。

疑問はさらに続きますが、後続段階で仮に変更決定に瑕疵があり、違法が判明したとして、処分の取消しと権利の救済は具体的にはどのようにされるのでしょうか。司法は、整備遅延に伴い蓄積した損害をどのように考え、また進行した他者の契約や売買・補償も無効とし、再移転の費用や再建築費用まで全てを救済するよう、整備事業権者である知事に命令をする覚悟が果たしてあるのでしょうか、大いに疑問です。

恐らく現実としては「権利の救済」とは逆に、司法がとる解決手法は諸般の事情を勘案して、次に述べる「事情判決」を選択することになるのではと懸念されます。そうならない保障はなく、事実上、たとえ決定に瑕疵や違法があったとしても、原告の受けた「損害や権利の救済」は、文字通り絵に描いた餅で終わる恐れが極めて大きいのです。

ここであらためて、後続段階での損害・不利益の問題について論点を整理しておきます。

疑問その3——「事情判決」に終わる恐れ

仙台高裁は「後続の処分の抗告訴訟で、事情判決がなされるか否かは、行訴法31条所定の諸般の事情を綜合評価したうえでなされるものであり、抗告訴訟の提訴を決定段階で認めるか、後続の処分の段階で認めるかにより、前者に比し後者の場合に権利の救済に欠けるとは必ずしもいえない」と判示しています。

「権利の救済」について、計画決定段階①と事後段階②では、権利救済の差は必ずしもあるとはいえない、つまり大差ない、としていますが、果たしてそうでしょうか。大いに疑問です。

この問題は、疑問その1、その2とも重なる問題ですので、「時間差」による「権利の救済」にどういう違いが生じ、また、その後何が起こる可能性があるのか、検証を追加しておきます。

決定段階①でも後続の処分段階②と同様、権利の制限（＝損害）が生じていること、次に、損害の内容と時間の経過による影響が生ずる主要項目を列記して、①から②までの年数が、長いものでは七〇年前後になっている現状を説明しました。さらに②での権利救済の可能性に対する疑問を提起し、①から②に至る間に住民を巻き込んだいくつもの手続があり、また整備事業を開始するための根回し・内諾・補償関係の事前交渉だけでなく、伊東市のように既成事実化を図り推進しようと事前買収まで行なうケースがあること、さらに整備が身近にまで及んだ段階や、収容通告を受けた段階で提訴するケースがあることを指摘しました。

問題は、この仙台高裁を含む従来の司法判断では、後続段階②以前に提訴があっても、「処分無し」として却下していましたが、仙台高裁では、整備事業の開始以降を「処分」と認めていますので、必然的に提訴は遅れ、個人的に（他人に知られず）用地賠償や移転補償交渉が進んでいることが予想されます。例えば水戸地裁判決（表2－⑥）のように「……原告らの権利救済は、後続の段階における土地収用等に対する抗告訴訟においてなされるのが相当である」と考えるならば、「収用」段階の時点で現地の整備事業がどの程度進行しているかを自らの目で確認する必要があります。

このことは「土地収用」の判断がどういう段階でされるか、という実情を見ればすぐに分かります。収用手続は、対象区間の整備事業の終盤、ほとんどの土地の整備が完了に近づき、残り僅かという段階に至り、いわば「やむをえず」という形で、強制執行も視野に入れて行なわれています。事実、水戸地裁などの判決は、事業の終盤になってから「権利の回復を図れ」と言っていることになります。そうなるとそれから提訴し、仮に事業が止まったとしても、すでに発生している制約・損害が減るわけではありません。つまり、既成事実化が進行している状況の中で、はたして「回復」の可能性がどれだけあるのか、という問題です。

進行してしまった土地の買収、家屋等の補償、（移転先確保と）移転、解体、支払完了等々は、すでに「支出済」であり、道路工事も進行しています。これらには多額の出費が伴い、変化した街の様子や住民の生活にもその影響が現われてきます。また経済的にも物理的にもそして社会的にも既成事実が重みを増していきます。これを違法だったから元に戻せといえるのでしょうか。

仙台高裁などでは、後続②の段階で「十分権利の救済が図られうる」と述べていますが、その救済の中身は具体的に何を指しているのか、また「十分」とはどの程度までのことをいうのか、はなはだ疑問です。私は救済は不可能であると思います。現実の問題として、整備以前の元の状況には戻せないでしょう。もし戻すとしたら、この後に述べる「無用の混乱」を招くことは火を見るより明らかであり、それが分かっているからこそ、その混乱を防ぐ手段として「事情判決」が用意されているのです。

5　事情判決と「公共の利益」の関係をめぐって

(1)「事情判決」に対する仙台高裁の判断根拠は？

「事情判決」とは、行政庁の処分が違法だったとき、無用な混乱を避けるために、裁判所の裁量により、原告の取消しの訴えを却下しても良しとする判断のことを指します。

仙台高裁は「事情判決」に関連して、「仮に後続段階②で処分を受けて提訴しても、『無用な混乱』という懸念には十分な根拠はなく……」「②の処分の段階（になってから）で提訴を認めることが（遅すぎるため）『無用な混乱』を生じさせるとの点についても、そのように解すべき十分な根拠があるとはいえない」としています。

一方、行訴法31条-1には「……処分が…違法であるが、取消すことが公共の利益に著しい障害を生ずる場合……、原告の受ける損害の程度（その損害賠償又は防止の程度及び方法）、その他一切の事情を考慮」したうえ、「処分又は裁決を取消すことが公共の福祉に適合しないと認めるときは、裁判所は（主文で違法を宣言したうえで）、（取消し）請求を棄却できる」と規定しています。

問題のポイントは、計画決定段階①と後続段階②との事情の違いをよくみて、その間の「時間的要素」を忘れずに対比することです。影響の大きな要素は、後続段階②までの整備遅延期間、ついで訴訟になる前までの期間（その間、移転等の事業がどの程度進んでいるか）です。この時、告示された計画（変更）決定に瑕疵・違法があり、本来ならば「取消し」となるものであることが前提です。なぜなら違法・取消対象でなければ、棄却されますので、「事情判決」に至ることはありえないからです。

仙台高裁は、強制執行等の②での事情判決を想定し、事情判決をなす時期・段階により権利の救済の程度に大差がないかのように述べ、②での訴訟における事情判決を是認・擁護しているようにみえます。さらに②での訴訟で違法が明らかになった場合、決定段階①と比べ、無用の混乱が生ずるという（原告の）懸念に対し、「無用の混乱を招くと解すべき十分な根拠があるといえない」としています。

しかし、整備事業が着手または進行しはじめた後続段階②の状況を考えれば、変更決定段階①で違法性を明らかにした場合と比べ、多くの手続・費用・工事等が必要となり、経済的混乱に加えて、社会的にも無用の混乱が生じるのは明らかです。簡潔にいえば、①の提訴段階では事業の着手はなく、経済的な損失・

混乱はありませんから、②段階での提訴によって生ずる「混乱」との違いは歴然としています。これを行政処分よる「無用の混乱」といわずして、なんといえばよいのでしょうか。

むしろ最善の判断は、裁量という不確実性の残る「事情判決」の時期・段階を考えるより、決定段階①において抗告訴訟を受理することです。この点からも決定段階における「処分無し↓却下」判例には、どう考えても正当で合理的な根拠は見当たりません。

仙台高裁は、条文の「原告の受ける損害の程度……その他一切の事情を考慮し……」という部分を「条文所定の諸般の事情を総合評価し……」と、より抽象的に表現して「原告の損害」を無視、いかにも「事情判決」が裁量の範疇でなされうることを暗示しています。しかし、条文そのものが超法規的な裁量を示したものであり、これでは仮に計画変更決定が違法であっても、処分の取消請求は棄却されると明記されている以上、結果として権利の救済には至らないことになります。

(2) 既成事実化を助長させる行訴法31条-1（事情判決）の条文

繰返しますが、事情判決は原告側の「無用な混乱」回避のための条文です。しかし、以上みてきた通り、①の場合は、まだ事業による経済的な損失はありませんが、②の場合には住居の移転や解体が発生しはじめます。後者の場合、既に進行した事業の多さ（件数や補償費用、工事関係費用等）と対比し、原告の損害が少ないと判断されれば、「諸般の諸事情を総合判断」した結果、事情判決により決定取消請求は棄却され、違法な計画（変更）決定でも取消しとはならないでしょう。何故なら「事情判決」は行政不信や社会的、経済的混乱を引き起こすことを想定し、それらの影響・事情を考慮し、公共の福祉に不適合（無用な混乱）を避けるための条項だからです。

行政が伊東市の場合ほどでなくとも、既成事実化をがむしゃらに図るのは、ひとえにこの超法規的「事情判決」の規定の効力を熟知しているからですが、この条文は、常識的にも法律的にも不十分、不条理な点があると考えます。

そこで平等、公正、公平の観点から考えれば、違法な計画決定と処分であっても、「公共の利益や福祉」の名の下に取消請求は棄却されうるのですから、その場合、仮に比較的少額な損害であっても、受けた損害等に相応する救済条項を明確に規定すべきです。この損害を救済できない条文は、いわば公共の名による不公平＝犠牲を受忍せよ、といっていることになります。

では、どこまで受忍すればいいのか。この受忍と補償の問題に関わり、都市計画決定によって長期にわたる建築制限をうけた原告が「国家賠償」「憲法上の財産補償」の対象になるかどうかについて、最高裁ではじめて審理されたのが盛岡訴訟でした（表2－⑨）。盛岡訴訟おいて最高裁は、原告らが受けた建築制限の損失は「個別事情」の損失程度を考量したうえで、不特定多数の被る同程度の損失に比べて「受忍限度内」であるとして補償請求は棄却となりました。損失の有無に関しては「ある」ことを認めたという意味では、従来の判例より一歩前進といえますが、「個別事情」の内容の詳細（具体的評価の程度）が不明確なままであれば、「受忍限度」がどの程度を示すものなのか分かりません。また、比較すべき受忍限度の一般例とは何を指すのかも明確ではありません。

全国各地で長期未整備の都市計画道路の「見直し」検証が行なわれている現状からみて、今後同種の損害賠償請求の訴訟が増加することが予想されますので、論点を整理しておく必要があります。判例分析を主題とする本章の最後は、この問題について検討することにします。

6　盛岡訴訟と最高裁の「受忍限度」判決

(1) きっかけは伊東市の「補償なし」回答から

実は、盛岡訴訟における最高裁の「受忍限度」論を知ったのは、伊東市が別の都市計画道路において、住民説明会で行なった回答がきっかけでした。二〇二一（令和三）年、伊東市はＪＲ伊東駅につながる都市計画道路・伊東駅伊東港線の一部（通称、西口線、地図口絵）の拡幅計画の「廃止」を発表しました。この西口線は幅員が狭いため、多くの市民が危険な道路だということを知っていたにもかかわらず、私にいわせれば計画の廃止理由を捏造し、廃止の決定を強行しようとした事例でした。私たちの訴訟つまり伊東大仁線の場合は、道路拡幅の強行が問題でしたが、今回はその逆で道路拡幅の廃止でした。しかし二つとも、もっともらしいデータを理由に決定を強行しようとする市の姿勢は何ら変わっていません。

当日の住民説明会で、道路整備の長期間にわたる遅延による建築規制に疑問をもった地権者から「長い間の規制で迷惑している。その損害に対して補償は無いのか」という素朴な質問が出ました。私は当然至極の発言ではないかと思い、伊東市がどういう回答をするのか注視しました。しかし市からの回答は盛岡訴訟を引き合いに出し、「最高裁の判例もあり、補償はしません」というものでした。参加者一同は、盛岡訴訟がどういう裁判であったのか、また最高裁がどのような理由で「補償無し」と裁決したのか知りませんから、腑に落ちない気持ちを抱きながらも、その場ではその回答を黙って聞くだけでした。そのことをきっかけにして、私はインターネットの情報などを手掛かりに、盛岡訴訟における最高裁の損害補償に関する「受忍限度」の判決について検討をはじめました。

(2)「受忍限度」論の前提には損失の程度(大小)がある

盛岡訴訟の地裁一審では、ⅰ計画決定の取消請求を却下し、ⅱ六〇年にわたる事業の遅延は行政裁量の範囲内にあり、職務上の義務違反は無いとして、損害請求を棄却するとともに、ⅲ建築制限は財産権の内在的制約の範疇に属するとして、補償請求を棄却しました。第二審の仙台高裁もこの判決を認めたため、原告は最高裁に上告しました。最高裁では、ⅲの補償に関してのみが審理され、判断は「整備は遅延したが損失は軽微(受忍限度内)とし、損失補償については棄却」とされました。

その理由は、第一種住居地域・容積率二〇〇%の土地で、計画線の後退(Xm)や間口(接道幅Ym)が余り大きくないため、軽微な損失と判断したものと想像できます。なぜなら損失の程度(大きさ)は、Xや

Yが大きくなれば、当然規制区域の面積が大きくなるわけですので、損失が「軽微」とはいえない程度になりえるからです。

つまり損失の程度には大小があり、その土地の事情、具体的には用途地域、容積地区その他や規制区域の大きさ等の「地域事情」によって異なる、ということです。従って個別の案件では「個別の事情を勘案する必要がある」ことになります。しかし、遅延期間と損失の程度については、先に検証した通り年月を経るごとに変化（増大）します。そのため、決定段階で発生する制約（損失）がたとえ当初は小さなものであったとしても、整備開始が決定権者の裁量によって二〇年、四〇年と遅延し、仮に六〇年ともなれば、累積する損失が受忍範囲をはるかに超えていくことは、誰でも容易に想像できることであり、ここでも時間観念の無さは明らかです。

もう一点、損失（犠牲）に関する「受忍限度」論においては、こうした損失の程度（大小）の他に、損失の比較対象の存在が適切に評価されているかどうかの問題があります。

(3) 比較する対象が無いなかで同等の「受忍限度」は存在しない

論者によっては、四m未満の「二項道路」（都市計画法第42条第2項）の拡幅規制（道路中心から二mまで）と似ているとの類似説を繰り出して、計画区域内の制約（損失）の一般性や犠牲（建築不可）は広く受忍されているとの「形の上で似た制約」をもって、その正当性を語る向きもあります。しかし、都市計画道路と二項道路の拡幅規制は規制の目的、役割・機能等が全く異なるうえに、不特定多数であるか否かもまるで違います。

二項道路の場合は、道路法による一車線道路の幅員四mの規定に基づく、建築基準法による四m未満の道路に関する幅員四m確保の規定、つまり政策的な「立法行為」による「不特定多数を対象とする一般的で全国的な規制」であり、道路としての最低幅員を定めたものであって、都市計画道路での規制と比較すること自体が的外れです。一方、都市計画決定による規制の対象は、計画区域内の特定土地・個人であって、規制区域外の土地等には直接的な規制（損失）は及びません。ですので、計画区域内の制約（損失）は、較べるべき対象自体がありません。したがって、その損失の程度については、規制区域に関する個別事情（地域事情）等と整備の遅延年数を勘案して算出する制度設計が望まれます。また、個別特定の損失を受ける地権者には、損失の程度に応じた補償が必要になります。

以上の通り、規制区域外には、当然のことですが計画決定による損失を被ることになる土地はなく、従って比較対象となる損失が無いことから、「受忍の限度」という線引きそのものが抽象的な観念論にすぎないといえます。特定の個別損失としては、「個別具体的損失程度」×「遅延期間」という固有の損失が存在するだけです。

これまでの考察から、私は最高裁の「受忍限度」判決は誤っている、と考えます。なぜなら繰返しますが、上記の通り道路の都市計画は（不特定多数ではなく）特定の土地・個人を対象に、（一般的・抽象的に、ではなく）即地的かつ具体的に定められた特定区域（規制区域）だけを規制するもので、同区域外の土地・個人には損失は及びません。従って、比較できるような（受忍限度というような）損失は存在しないことになります。ただし、先に述べたように、損失の大小の程度が地域事情によって異なることは事実です。

(4) 伊東市・西口線における「損失」

さて、以上の検討を踏まえ、では先に紹介した伊東市の通称西口線の損失補償の質問に対する市の回答はどこに問題があるのでしょうか。伊東市の回答からは、最高裁判例の中身を精査しないまま、いわば字句だけを鵜呑みにした回答にすぎないことが容易に推察できます。これが一つの過ちだとすれば、二つめの過ちは、盛岡訴訟の場合にあった「地域事情」を認めたうえでの判断が見落とされている点にあります。

伊東市駅伊東港線（通称西口線）の場合、盛岡訴訟との違い（地域事情の相違）は、まず道路が伊東駅に直結していること、駅に近い地域の用途が「商業」「近隣商業」であり、容積が四〇〇％等の「中心商業地」とされ、車線規制も緩くなっていることです。防火地域では、ＲＣ造建物は建蔽率も大きくなります。つまり、土地の高度利用が可能な地域であり、貸店舗などの賃貸事業も可能ですから投資もしやすく土地の評価も高い地域ですので、規制による損失がより大きいといえます。こうした「地域事情」を考慮せず、判例の結論の字句だけを写し取っても、不適切というよりむしろ誤りというべきです。

(5) 未だに多くの判例が認めない「処分性」

すでに表２（二一頁）、表３（二四頁）で整理したように、裁判所における判決のほとんどが、未だに何らかの理由を探し出しながら、それを理由に「処分とはいえない」との結論に導き、「却下」判決を正当化しています。

例えば、盛岡地裁等の判決での内在的制約説がそうです。「内在的制約」とは、ここでは公共の福祉との関連で、建築の自由という本来保障されている権利が制約される意味として理解しておきますが、「盛岡訴訟」における二〇〇一（平成一三）年の地裁判決では、六〇年という長期間の整備遅延に対し、決定権者による裁量範囲という極論を用いて行政の判断を正当と認めたうえで、遅延による損害に関する補償請求に対し、その元となる都市計画道路の決定による制約は、いわゆる内在的制約であり、訴訟の対象となる行政処分といえないと却下し、翌二〇〇二年の仙台高裁もこれを是認しました。この判例からも分かるように、日本の都市計画道路に伴う判決は、二一世紀の今日なお過去の最高裁の「却下」判決の呪縛に囚われているのが現実です。本来であれば、最高裁はこの判断を誤りとして差し戻さなければならないはずです。

私どもの「10号事件」にはじまる三事件を併合した伊東訴訟での静岡地裁の「棄却」判決が、一転して東京高裁でくつがえったように、裁判で適正な判断が早く下されていれば、都市計画決定による建築制限を「内在的制約」という虚言を理由とした判決は消えていたかもしれません。

(6) 明確な「処分」の顕在を示す根拠は「計画図書」と「建築不許可」にあり

都市計画（変更）決定取消訴訟において、決定段階では「処分」でないとする判断の最大の根拠の一つが、最高裁の「一般的・抽象的決定で、対象は不特定多数である」と断定する判決にあることは明らかですが、そうではないことを示す根拠を、二つ例示しておきます。

一つは、先に述べましたが、「即地的・具体的に、特定区域の特定土地・個人を対象とした決定」であることを簡単に見ることのできる根拠資料の例は、都市計画法14条‐1、2とそれに基づく「通達」にあります。そこには決定の際に添付される「都市計画の図書」で、「(地権者が)……判別できるように、縮尺は……できるだけ大きく」と書かれています。もう一つ、根拠そのものとして決定的なのは、私ども伊東訴訟における二つの「建築不許可処分」であり、地裁において受理された「取消請求(甲・乙)事件」です。これ以上の根拠探しの必要はありません。

7　まとめとして――払拭されない旧判例の残像

繰返しますが、一九六八(昭和四三)年に制定された新・都市計画法は旧都市計画法の「改正」ではなく、旧法を廃止したうえで、その目的・内容ともまったく性質の異なる法律として成立したものです。従って、旧法に基づき「都市計画は一般的抽象的決定であり、対象は不特定多数……」という一九五七(昭和三二)年の最高裁大法廷の判例は、新・都市計画法に基づき判断されたものではありません。その後、一九八七(昭和六二)年に最高裁小法廷の判決がありますが、この判決も、一九六八年の旧法を踏襲しています。

さらに一九八七年の最高裁判決は、新・都市計画法施行後の判決のはずですが、果たして新法の「都市施設」に関する法令と合致・適合する判断といえるのでしょうか。ここにも旧法の判決を払拭しきれない悪弊が続いています。

先述のように、新・都市計画法では「用途地域、容積地区等」に関する都市計画と、整備事業を前提とした「都市施設（道路等）」に関する都市計画とがありますが、道路等の整備は後者になります。新法では、その規定について「即地的・具体的に土地・個人を限定」し、法の趣旨に沿って「計画図上に容易に判断できるよう」に「できるだけ大きな縮尺で表示」することとされています。しかし、一九八七年の最高裁判例は新法の規定には合致しておらず、長年建築士として実務に携わってきた者からすれば、ありえない判断です。そのことは、私たち伊東訴訟で証明済みです。

旧法の踏襲やそれを補完する理由付けへの疑問は、例えば先の「盛岡訴訟」での地裁判決のように、いまだに内在的制約論を用いて、門前払い同然の「却下」判決をし、仙台高裁もこれを追認しました。新・都市計画法に準じて判断するとすれば、最高裁はこうした判決を差し戻すべきです。

さらにもう一点、いったん「処分性」は認めるが、後続の整備段階で提訴し「違法・取消し」となれば、制約は解消（損害も回復）されるので、「処分」とはいえない、等の理由で「却下」とする判例があります。しかし、いくら「処分では無い」と補完しても、原告が自由な計画をすれば、結果は「不許可処分」となるわけですから、この補充の論理は理屈にあいません。算数でいえば、もともと「0」なわけですから、いくらA、B、C……と掛け算してみても、0×A×B×C＝0、つまり0以外はありません。後続の整備段階で制約・損失等の解消・回復が可能か否かについては、これまで検証した通り、計画決定段階で予防できる損失を、整備の遅延期間中に増大させる愚行は避けるべきです。

その他に、私どもの訴訟がそうであったように、地裁での不明朗な「争点整理」や、明らかにしない「認否」は、不透明そのものであり、判断の「一任、お任せ」と同様、納得できるものではありません。詳細は次の二章に譲りますが、その改善を急ぐべきです。

＊

行政がご都合主義の法令解釈・運用を繰返している限り、国民は安心・安定した生活を送ることはできません。行政のご都合主義の背景には、日本国憲法に基づく「三権分立」の精神が機能していない現実が根底にあり、人事権などに権力を振りかざす時の政権に対し、正論を述べる公務員は排除され、組織全体に萎縮・忖度がはびこっています。

特に心配なのは、最高裁が「歌を忘れたカナリア」同然になってしまっていることです。行政同様、司法においても出世主義と過去の判例踏襲が横行し、「憲法すら守れない」腑抜けの組織といわれても仕方がないかもしれません。これが都市計画道路の決定（変更）取消訴訟での過去の判例分析を終えての、私の率直な意見です。

二章　静岡地裁の訴訟指揮／判決の問題点

弁護士探しから「10号事件」取下げ要請、「裁量権」による棄却判決まで

はじめに

三権分立の中で司法は法治国家の柱であり、社会正義の担い手であると国民は信じています。また、三審制で成り立つ裁判制度にあって、地裁に対しては最も人々の暮らしに近い位置にある裁判所として、住民の声に敏感であってほしいと願っていますし、住民の生の声に対し良識をもって判断してもらいたいと誰もが思っています。

しかし、地裁の審理の実態は、特に行政を相手どった裁判の場合、そうした住民の期待に応えているでしょうか。私のわずかな経験の中からも、弁護士探しの難しさにはじまり、公判の過程でも、社会の常識からみて不可解な発言による法廷運営や裁判指揮、さらには道義にもとる騙し討ち的な発言・誘導など、不信をいだかせる言動が幾度となく見られました。その背景には前例踏襲による硬直した判例主義、自主的思考の欠如、行政寄りの追認や保身からの忖度、萎縮等々が窺えます。

私ども伊東裁判の発端は、行政から都市計画道路変更の決定を一方的に知らされたことに怒り、関係住民一四名が集団で取消請求に踏み切ったところから出発しました。紆余曲折がありましたが、私ども原告の思いを受けとめてくれた弁護士と何とか出会うことができ、「都市計画道路変更決定取消訴訟」として静岡地裁で受理されました（通称「10号事件」）。しかし実際の裁判は、後ほど詳しく記しますが、この計画変更取消請求と併せ、甲・乙二つの「建築不許可処分取消請求事件」を併合する形ではじまっています（なお、甲事件の原告は私一人、乙事件の原告は、私を除く四人）。この三事件併合の要請には、一章でも触れましたが、私どもの異議申立ての訴えが、却下つまり門前払いにならないための工夫が込められていました。結果的に地裁判決は敗訴となりましたが、却下ではなく「棄却」でした。なお裁判の途中で「10号事件」は裁判長の要請により取下げとなり、甲・乙事件のみが審理の対象となりました。なぜ、そのような経緯になってしまったのか、ここには裁判長の訴訟指揮が大きく影響しています。本章では、その経過を踏まえつつ、本件事件の本質的、根幹的な争点は何であり、さらに、旧都市計画法以来の行政裁量権を広範に認める判例のどこに問題があるのか、論点を整理することを主題とします。

1　弁護士探しから伊東市の行政訴訟参加、「10号事件」取下げまで

(1) 提訴前の経緯と弁護士探し

まず、私どもが訴訟を決意するまでの経緯と、弁護士探しの前に立ちはだかった行政の厚い壁について述べるところからはじめます。

行政の対応

伊東市は一九九六（平成八）年九月に開かれた最初にして最後となった住民報告会で、それまで三六〇

m、幅員一七mとしていた計画変更区間を急遽一八〇mに変更することを提案します。その際、市の担当者から、「間違いなく県が出席する説明会や広聴会を開催する」と明言がされました。しかし県・市は一方的にこの約束を破り、いきなり住民縦覧・意見書の提出手続に入りました。意見書では住民から反対意見が多かったため、再度開かれた伊東市の都市計画審議会、さらに市議会特別委員会（平成九年二月）において、「住民の了承を得た」という虚偽の説明を重ねるなど、住民無視の手続を強行しました。それを受けて翌三月に静岡県都市計画審議会における手続を経て、計画変更の決定、告示へと至ります。この間、余りに連絡がないことを不審に思った住民が、同年四月に市に問い合わせたところ、平然と「もう決定しています」との返事でした。

こうした行政の一連のやり方に怒った住民たちが行政不服審査請求を経て、行政訴訟に踏み切ることになりました（なお、住民説明を中心とした計画変更決定の変遷及び提訴に至る経緯に関しては、四章で詳述）。

私どもが提訴を決断したとき、被告となる静岡県の対応はどうだったでしょうか。県の都市計画課の対応は、途中から抗議に変った私の電話を中断したまま待たせたり、二度目も最初からしばらくの間待たせた挙句、また途中で一五分以上も中断するなどの非礼な対応で、さすがに我慢できずこちらから電話を切る次第となりました。県の担当者の最後の言葉は「どうぞ提訴してください。どうせすぐに却下されますから」というものでした。

それ以前の住民説明会で都市計画決定権者である県との面談はありませんでしたが、一度だけ訪問を受けました。まだ夏の暑さが残っていた頃、県・熱海土木事務所の職員がやってきて、「建築許可申請」を取下げてほしい旨の要請がありました。その申入れを断ると、「住民エゴだと非難されますよ」と脅されました。県との面談はこの一回限りです。

困難を極めた弁護士依頼

行政訴訟における弁護士探しの難しさは、一つに、行政と弁護士の親密な関係からきているように思えます。最初に相談した伊東市内の弁護士は、市から委託を受けることがあるとの理由で、丁重に断られました。市内在住の弁護士にとって依頼関係のある行政を相手どった訴訟の弁護を断るのは、考えてみれば当然のことかも知れません。そこで次に、知人に紹介された静岡県内の弁護士を訪ね、「却下」問題は十分クリアできるから引き受けてほしいとお願いしましたが、県と関係があるとの理由で、ここでも丁重に断られました。

県内、市内では同様の理由で、おそらく弁護を引き受けてもらえないことが分かりましたので、東京都庁の幹部経験者に訴訟のポイントを話し相談したところ、都市計画行政に詳しいということから、都の収用委員を務められた弁護士を紹介してもらいました。しかし、ここでも「却下」問題を理由に断られました。却下による門前払いをクリアするため、「行政処分まではもっていけます」と説明を尽くしましたが、都市計画行政に詳しいというその弁護士さんは首をかしげるばかりで、結局断念せざるを得ず、弁護士探しは立ち往生となってしまいました。

他県の訴訟であれば引き受けてもらえる場合があるかも知れませんが、やはり、どの弁護士も行政訴訟は避けたい理由があるようでした。仕事関係で知り合ったN金融機関の顧問弁護士に相談した時に、「私は行政とは争わないようにしているので……」と聞かされたのを今でも鮮明に覚えています。その時、なぜそうなのか理由は聞きませんでしたが、後になって行政と司法のもたれ合いの構造が見えてきて、その理由の一端が理解できたように思います。

行政訴訟と弁護士

長期出張していた知人弁護士から連絡が入ったので、弁護士が見つからない事情を話したところ、時間が迫っているが、弁護を引き受けるとの了解がとれ、子ども時代からのつき合いのお陰だと感謝しました。ところが原告の一人が打ち合わせのため弁護士事務所を訪ねたところ、先客があり待合で待機していた時のことです。顧客の声がだんだん大きくなり、興奮した様子で弁護士に抗議しており、内容からして、どうも我慢して和解したらどうかという弁護士の話を拒否している様子でした。何の事件かわからないまで、しかし、弁護士と依頼者のやりとりを耳にして、あの弁護士で大丈夫だろうかと急に不安になったそうです。

当の弁護士には事の経緯は伝えてありましたし、本人も伊東市へ行き調査・確認したいとのことで了解しました。ところが現地での聴取が終わると、話が急に変わってしまいました。弁護士曰く「判例があり、却下は免れない。それにこうしたケースでは皆、新しい家を建ててもらい不利ではないから、受け入れたらどうか」と言いはじめたのです。

「却下」の壁は十分クリアできることについては既に話してあり、引き受けてもらうよう説得しました。しかし今度は、弁護を降りたいということになり、控訴理由書も書きたくない、自分の立場も理解してくれとなって、口論となりました。最後はお互い妥協して、提訴書類の作成までは引き受けてもらい、その後は離任ということにして、書類提出期限の急場は何とか凌いだ、という顛末でした。しかし、また振り出しに戻ってしまったことは事実で、弁護士を公募する時間もないくらい追いつめられた心境でした。

こうした一連の苦い経験を通して痛感したことは、行政機関と弁護士がいかに近しい関係にあるかということでした。なかには行政と顧問契約を結んでいるケースも多くあり、両者は、継続的かつ潜在的に依存関係が深く、従って、特に行政訴訟の場合、その地域で弁護士を見つけることはまず困難だと考えたほうがいいということです。くわえて、弁護士は想像以上に固定観念（判例主義、柔軟な思考の欠如）に囚われていることも分かり、訴訟の立ち上げから困難が伴うことを痛感させられました。

その後、私が関わった東京の繁華街での再開発共同事業の業務が終わり、その竣工パーティの席でお隣に座わられたのが、最終的に弁護を引き受けてくださった笠原慎一弁護士でした。笠原弁護士の大学卒業時のテーマは「行政訴訟」だったそうですが、実務では一度も依頼がなかったとのことで、私どもの訴訟に興味を示されました。経緯・内容の概要をお話したところ、快く引き受けていただきました。また私たち原告の事情なども理解してくださり、まさに地獄に仏の心境でした。

(2) 最高裁判例の呪縛

初回法廷（一九九七／平成九年九月）では、裁判長は行政の手続に対する住民の怒りを承知していたらしく、やや同情的な出だしでした。しかし、私が予想していた通り「10号事件」（都市計画道路変更決定取消訴訟）は審理に入る前から、「却下」となる旨の話をはじめました。原告である私は、裁判の開始前からこのことは分かっていましたから、その次の段階として、計画区域内に不許可処分を受けるのを承知で、地下一階地上三階建ての建築許可申請を提出し、不許可処分を受けました。それを踏まえ、翌一〇月にその取消請求を提訴（甲事件、一章2-(3)）するとともに、「10号事件」との併合を申出ました。

その後もA裁判長（後に裁判長が交代しますので、以後A裁判長、B裁判長と記す）は「10号事件」の却下に触れ、「取下げないと、得策ではないですよ」とまで言ったため、裁判長は「却下」と「棄却」の違いが分かっていないと判断して、新たに原告四人で同じく計画区域内に地上六階・地下一階の鉄筋コンクリート造の建築許可申請をしました（一九九八／平成一〇年四月）。当然その許可申請も甲事件同様に不許可処分を受け、ただちに取消訴訟となりました（乙事件）。そこで私ども原告はこの三つの事件の併合を請求し、認められました。それでもA裁判長は「却下」発言を止めません。さすがに陪席判事が裁判長の袖を引くなどして発言はようやくストップしました。

A裁判長は、都市計画（変更）決定によって、現に建築制限が生じており、それが原因で建築不許可処分が出されている現実をどうしても理解できないようでした。旧都市計画法時代の法理を引き継いだ最高裁判例は絶対的なものだと信じきっており、あらためて最高裁判例の呪縛による影響力がいかに大きいか、痛感しました。

(3) 実務行政庁(伊東市)の「訴訟参加申立て」と参加拒否

地裁での審理が長引いた理由の一つには、実務行政庁(具体的には伊東市)の位置づけが不明確なことがありました。被告である静岡県には計画決定権限はあるものの実際の実務に携わっていないため、住民対応・手続等の実態解明が進まず、県は「不知」を繰返しました。そのため審理の進行に支障が生じることになりました。そこで原告である私たちは、実務を担当した伊東市の訴訟参加を請求(平成一〇年一〇月)。しかし県・市は、実務行政庁の訴訟参加申立てを却下した京都地裁判例(一章表2「都市計画道路裁判の判例」④)を引き合いに出しながら「伊東市に決定権限はなく、あくまで意見を聞いた(述べた)だけ」として、訴訟参加を拒否し、裁判長も伊東市の訴訟参加の判断をなかなか下しませんでした。

しかし、計画決定の変更手続や内容に関する証人尋問がはじまり、当時の市の課長の答弁がいき詰まったり、しどろもどろになったのを不利とみた県代理人から、証人尋問を中断して「進行協議を希望」する旨の発言が出され、後日、伊東市から訴訟参加の申立て(二〇〇〇/平成一二年二月)があり、伊東市の訴訟参加が実現しました。

その間、係争中にもかかわらず、伊東市は県の熱海土木事務所と合意の上で、計画区域のY社の代替地買収や設計までの事業化を推進し、Y社自体の買収予算や利子分までも議会に上程し可決されます。しかし、地元紙によってY社における市議会多数派工作のための飲食付き密会が暴露されたため監査請求が出され、顧問弁護士の忠告で慌てて中止となりました。決定権限のない行政庁(伊東市)の係争中における事業推進行為は、決定権者以上の違法行為といえますが、そうした行動の背景には，一章5-(2)で指摘したように、「事情判決」狙いの既成事実づくりにあったことは容易に想像できます。

実務行政庁の訴訟参加がなぜ必要不可欠であるかを明らかにするため、以下に、伊東市の計画変更決定への関与の実態をまとめておきます。その事実をみれば、実務行政庁の訴訟参加の訴えを「却下」した京都地裁判決が、決定手続の詳細を無視した、いかに観念論的判例であるかがみえてきます。

(4) 伊東市の訴訟参加要請の妥当性

伊東市の訴訟参加がなぜ必要なのか。その妥当性は、以下に整理したような伊東市の計画変更決定への関与の実態をみれば明らかです。

① 初期外注費：関係測量三件（計五〇五万円）、図面作成三件（計七八万円）、建物調査五件（計四五三万円）、不動産鑑定依頼一件（四〇万円）、コンサル依頼資料作成二件（計一八六万円）、用地舗装代一件（三三万円）、合計件数一五件、総計一二九五万円を支出しています。

② 群発地震で約四年半も中断していた住民説明会を再開する直前の一九九五（平成七）年に、二年前三月時点の鑑定価格で、用地買収、建物補償等を行なっています。しかし、これは事業決定前の行為であり、これ自体脱法（むしろ違法）行為ですが、その価格も路線価の二・三倍と異常な高値でした。

さらに伊東市は、訴訟中の一九九八（平成一〇）年に被告（県土木事務所）と協議の直後、伊東市の開発公社を使った、先述のY社買収工作を進め、市議会多数派と密談のうえ予算案を上程し（委員会で否決）、本会議で逆転可決、さらに開発公社に支払う金利分も可決しました（詳細は四章で記す）。

上記の支出済みの多額の金額（総額約二億五千万円）のうち、九割以上は本件訴訟の結果により不要な支出になりうるもので、訴訟参加人にとって大いに利害が関わる問題となります。市の出先機関（土地開発公社）を使ったとはいえ、被告である県の担当窓口が伊東市と協議し、係争中に整備事業の推進をはかった（これを市・助役は、議会において「県も合意」と答弁した）のは驚くべきことであり、これら数々の事業化への関与状況は、事業整備を前提とする決定を代行したものであり、とても「伊東市は決定権限がなく、意見を述べて（聞いた）だけ」で納得できる話ではありません。

(5) 京都地裁判例と行政訴訟法22条－1及び23条－1

ところで、京都市内区域の市街化調整区域における都市計画決定処分の取消しを求めた京都地裁の「行政庁の訴訟参加申立事件」（ここでの参加は京都市）の判決は、「市街化区域及び市街化調整区域に関する都市計画は京都府知事の専権に属しており（都市計画法15条1項1号）、調査資料も整っているはずであって、ただその決定に際して京都市長と協議することになっているにすぎず（同法87条1項）、京都市長を参加せしめなくとも訴訟資料に欠けることはありえない」として、訴訟参加請求を却下しました。

しかし、行政訴訟法22条－1は、「訴訟の結果により権利を害される者（第三者）を……申立てにより、訴訟に参加させることができる」と定めています。また、同法23条－1には「裁判所は、（必要があれば）申立てにより、（決定をもって）他の（実務）行政庁を訴訟に参加させることができる」と規定しています。右に整理したとおり、実務を担当した伊東市の関与の深さと頻度の多さ、さらに疑問のある多額の支出等を行政訴訟法の規定と照らし合わせれば、伊東市が「訴訟の結果に利害関係のある他の行政庁」に該当することは明白といえます。

他方、京都地裁判例で要件とされた京都市長の「決定権限の分属」とか「決定自体への関与」の可否は、あくまで京都地裁の法解釈・判断からなされたもので、法の趣旨に合致したものとはいえないはずです。にもかかわらず「却下」判決としたのは、妥当性に欠けた判決といわなければなりません。

繰返しますが、このことを含め、法の主旨や決定手続の実態を検討すれば、伊東訴訟の被告である静岡県は京都地裁の却下判決を形式的に引用するだけではなく、早急に伊東市を訴訟参加させるべきでした。しかし現実は、原告による参加要請から二年の時が経った後、県はしぶしぶといった形で伊東市を訴訟に参加させた、というのが実態でした。この点、静岡地裁の訴訟指揮が適正であったかが問われるところです。

二〇〇〇年の分権一括法を経て、実務行政庁（具体的には市町村）の積極的な訴訟参加は増えると予想されますが、そうすることで市町村を含めた行政の情報開示や法令遵守の姿勢、さらには緊張感をもった職務遂行の道が開かれるものと期待したいと思います。

2　地裁の裁判権侵害と司法不信

(1) 裁判長による再三の「10号事件」取下げ要請

ところで、裁判の途中で裁判長が交代しましたが、交代したB裁判長は、二度にわたり建築の不許可処分（甲事件・乙事件）があるわけですから、さすがに原告の提訴を「却下できない」ことは理解したようでした。しかし、A裁判長同様、従来の判例の間違いを理論的に整理する能力と決断力に欠けていました。そのための判断材料は甲・乙両事件として、原告が丁寧に用意していたにも関わらず、です。

都市計画道路（変更）決定のもつ「即地的・具体性」や「対象の特定」を主張しながら、決定内容の違法性を争った「10号事件」（計画変更決定取消請求）は、裁量の余地がないほど多数の技術的基準と特定された土地・区域が明示されています（都市計画法14条）。また甲・乙二つの建築不許可処分の取消請求も、計画変更決定の違法性を前提として、三つの訴訟の併合を求め了承された経緯があります。

B裁判長は、このうち「10号事件」は相当時間がかかると言い、早期判決を望むのであればとの理由で「10号事件」を取下げるように要請するようになりました。それに対し、私どもが返答しないでいると、取引きをもち掛けるような言い方で「そうしてくれれば……」と誘いました。実は、私ども原告の間でも迷いがありました。B裁判長はその様子を窺いながら、B裁判長は念を押すように「どちらも『違法性』について審理するので、10号事件を取下げても実質的には同じこと、判決の早いことを選ぶなら取下げたほうがよい」と迫りました。その様子は「何べんも頼んでいるのにいつまで粘るのか、言うことを聞入れなければ、（前任者が言ったように）得策ではないぞ！」といわんばかりでした。

行政側とは異なり、年金生活者の多い原告たちにとって長引く訴訟は負担であり、裁判の長期化はできるだけ避けたいというのは偽らざる本音です。そのことが「10号事件」の取下げにつながった要因の一つであったことは否定できません。

(2) 思いもかけない「騙し討ち」判決への後悔

繰返しになりますが、提訴の動機は都市計画道路の変更決定手続に対する怒りでした。私ども原告の思いは、都市計画道路の決定段階における訴訟がことごとく理不尽な「却下」という形で無視されたまま、いつまでも続くのはおかしいということを話し合ったうえでの集団訴訟でした。その意味では、訴訟の目的は「計画決定」の違法性を明らかにし、「取消し」を求める点にありました。

しかし、同時に「10号事件」の提訴は、旧都市計画法の思想を受け継ぐ最高裁判例の「虚構性」を世に示すためにはじめたことでもありました。ですから裁判長からの取下げ要請にすぐ「ハイそうですか」というわけにはいきません。しかし、原告側には裁判を長引かせたくない事情もあり、原告内部でも意見が分かれていました。

その間、先に説明したような伊東市の訴訟参加請求が拒否され、答弁書等のやり取りにおいて、伊東市の言動について被告である県の「不知」発言が多く、さらに証人尋問等でも、伊東市の元課長が答弁に窮したりするなど、裁判の進行は滞り、長引いてきました。

一方、年金暮らしの老人が中心の原告側は、長引く裁判が大変な負担になりはじめ、くわえて係争五年を過ぎて原告のうち二人の方が亡くなられ、気が滅入り弱気も出てくる原告側にとって、早い結論を望むのは無理もないことです。10号事件の取下げに反対する意見が残るなか、残念ながら裁判長の言う「10号事件と同様の審理を行なう」という口車に乗せられ、その提案を受け入れることになりました。

本件変更決定が「行政処分」であることを甲・乙事件として二度にわたり証明し、また、法令の条項を具体的に示しつつ、計画決定が「一般的・抽象的」ではないことに関して、実務に携わる専門家の意見まで添え、裁量の余地が無きに等しいことを訴えていた原告からすれば、この問題を争点の中核にすえる「10号事件を取下げろ」といいながら、他方で「10号事件同様に、違法性について実質的審理を行なうから……」とまでいっていた裁判官が、まさか騙し討ちのごとく嘘をつくとは想像できませんでした。

地裁判決の結果は、裁判長が約束した説明とは異なり、被告である行政側の主張する「裁量権」を最大限認める「棄却」判決でした。B裁判長による10号事件取下げ要請に関する一連の訴訟指揮の経緯とその公正性について、「騙し討ち」「裁判権の侵害」との怒りは、今なお消えていません。

地裁で棄却判決を受けた私たち原告の心情を一言でいえば、裁判長の口車に乗せられた我々が甘かった、と反省せざるをえませんが、棄却判決の理由が行政の裁量権を最大限に許容した内容であるため、余計に裏切られたという思いがします。と同時に、国民から裁判を受ける機会を奪うという司法の暴挙が許されてもいいのか、と強く社会に訴えたい思いがますます強くなっていきました。

(3) 国民の「裁判権」を剥奪

繰返しになりますが、司法による権利の侵害ともいえる経緯ですので、まとめて記しておきます。

そもそも「10号事件」の争点は、この都市計画道路の変更決定は、「特定の区域・個人を対象とした、即地的・具体的な制限・処分であり、「却下」の根拠とされた（旧法時代の判例でいうような）不特定多数を対象とした、一般的・抽象的な決定ではない、という点にあります。さらに、私たち原告はその論点の補充として、道路構造令を含め多岐にわたり詳細な規定を設けた法体系によって、裁量の余地がほとんど無いのに等しい基準が列記されていること。また実務に携わっている道路専門家によって、特に技術的裁量は「無きに等しい」という意見等を添え、地裁で丁寧に主張しました。

しかしながら本判決理由は、被告・県顧問弁護士の主張を丸写しして、行政の裁量権を前提とした、一方的で杜撰かつ不真面目な内容で構成されています。その判決の根拠は、「……都市計画を定める際の都市計画基準が抽象的・一般的であるのは、決定権者に広範な裁量権を認めているからである」という点にあり、また裁量の根源が「都市計画基準が抽象的・一般的である」ことにあるとしています。こうした論理は「10号事件」における「……一般的・抽象的ではない」という原告の主張と明らかに相容れない、伊東訴訟の根幹にかかわる問題でもあります。

裁判長の取下げ要請・提案は、この10号事件の基本的争点は時間がかかるため、その「新たな争点」を無くせば早めの判決も可能になること、また10号事件を取下げても、それ以外の具体的項目の違法性について、10号事件と同様の判断をするから、その点では何ら変わらない内容になる、という理屈でした。しかし、出てきた判決は、その「新たな争点」そのものを含め、被告である県弁護士の主張をそのまま転用した形で構成されたもので、まさに騙し討ち、裏切りであり、私たちはそれをコピー判決と称しました。この判決の結果、10号事件を取下げた意味は無となり、原告の「裁判による判断を受ける権利」が、裁判官の裁量によって奪われ、核心となる基本テーマは抜き取られ、棄却・敗訴となりました。

(4) 地裁と県の顧問弁護士との関係

さて、地裁判決は被告・静岡県側の弁護士が主張した「裁量権」をそのまま採用したものと書きましたが、その背後には、本章の冒頭で触れたように、行政と県の顧問弁護士の関係が、まるでお隣さんのごとく近しい関係にあることが浮かび上がってきます。毎日の来庁・帰宅の際にすれ違ったり、同じ方向に歩いたりして顔なじみになれば、会釈が挨拶になりやがて会話をし、お茶を飲むような関係ができたりする距離にあります。両者の位置関係は、双方が公務員の世界という身分の近似性もさることながら、行政と司法が仲間意識のような親密さで接近し、お互いの仕事を補い合いながら、行政の公益判断をつねに適正・妥当とみなす構造、一章で記した表現でいえば「行政の無謬性神話」をつくっている印象すら覚えます。

一九九七（平成九）年一一月の時点で、静岡地裁での行政訴訟の件数は23号までありましたので、県がすべて被告ではなくても、県の顧問弁護士として、かなりの頻度で法廷に立つことはありうるでしょうし、裁判官も担当が替わるとしても、相当の頻度で顔を合わすことが想定できます。

私たち原告が見た地裁と県の顧問弁護士の関係は、あたかも師弟関係かと思わせるものがあり、その一端は次のような光景でした。法廷が終了し、個々に席を立ち大半の姿が見えなくなったとき、裁判官が県の顧問弁護士に「先生！」と声をかけながら近づき、何やら別件らしき内容の事件の話をはじめました。内容は定かではありませんでしたが、質問をして教えを乞うような形でしきりに頭を下げながらへりくだっている姿が見えました。まるで廊下で生徒が先生に分からないことを教えてもらうような光景であったことが、今でも強く印象に残っています。

このような関係を目撃しますと、判決に対して何か得体の知れない悪い予感が働いてしまうのは、考えすぎなのでしょうか。私ども原告の間で、こうした様子が話題になったのは極く自然ななりゆきでした。

3　都市計画道路の「裁量権」に関する論点

(1)　被告・行政の「裁量権」の主張とその誤り

被告である行政側が主張する「裁量権」のどこが問題か、以下に整理しておきます。

一つは、都市計画法の一部条項を抜き取り、独自の主張を行なっています。例：「都市計画法13条－1は、一般的・抽象的規定であり、これは知事に裁量権があるから……」「……広い区域を対象……政策的に総合し決定した……」。また「（法13条1－6記載の）都市施設の位置・規模は一時的には決めがたく、様々な利益を衡量し総合的に定める……。政策的技術的裁量によって決定……」等々です（以下、法は「都市計画法」を指す）。

二つは、法13条－5の「政令委任」条項等の無視です。つまり法及び道路法の関連法体系を見ずに、13条1項本文の一部の条文、例えば「都市計画は……、都市の健全な発展と秩序ある整備……を、一体的かつ総合的に定め……」等、一部の条文を適示し、その解釈をもって主張しても、13条5項（都市計画の策定基準は政令で定める）、その他多くの規定を無視した解釈では、専門家は誰も容認しません。

三つに、「広い区域を対象……」との主張も、道路に都市計画である本件変更決定にとっては的外れの主張であり、一章でも述べたように、決定区域は（どの場合も）限定され、具体的な図面で表示されることからも明らかなように、裁量権の根拠にはなりません。

四つに、「政策的技術的裁量によって決定……」の主張も法の規定から逸脱しています。つまり都市施設の位置、規模は、法14条－1の規定に従い、「土地利用、交通等の現状及び将来の見通し（予測）を勘案し、適切な規模で必要な位置に配置し、……定め」かつ「省令で定める総括図、計画図及び計画書で表示し、その表示は（特定された）地権者の土地……が……区域に含まれるかどうかを容易に判断できるものとする（法14条－2）のであり、政策的・技術的裁量で決定されるものではありません。

(2) 都市計画の専門家による「裁量権」見解

裁量権については、都市計画法の「新・旧対照表」(一章表1)に示したように、旧法は政令を含めても条文数は極めて少なく、それゆえに条文内容は基本的・総則的な表現になっています。そのため旧法の解釈は、法自体のもつ公権力優先の思想と相まって、一般的・抽象的といわれており、裁量の余地が相応にあった(むしろ裁量により決めざるを得ない)とされていました。

一方、新・都市計画法は既述の通り、条文の数は多くかつ詳細な基準を設けており、行政裁量の範囲は極めて少ないとされていますが、実務的にはどのように理解されているのでしょうか。特に近年、行政手続の遅れやバラツキが問題になり、一九九三(平成五)年公布の行政手続法に伴う関連法令の整備に関する政令が整い、翌一九九四年施行になりましたが、以下に、実務の現場に精通した都市計画の専門家の「裁量権」に関する見解を記載しておきます。

・東京都庁のA元局長歴任者の言によれば、「行政手続法の施行以来、流れが変わってきており、さらに情報公開に関する法令が整備されはじめ、以前のように裁量があるとは一概にいえなくなっている。」

・道路の都市計画に携わっている旧建設省都市計画課H氏は、「(裁量権は)あるか無いかといえば、ある。ただし、客観的事実に基づいて、誰もが納得できる理由を開示したうえで行なうものであり、道路でいえば交通量調査などにより必要性が明らかなことが重要であり、これなくしての裁量はあり得ない」との見解でした。

・また都内A区の都市整備部都市計画課S主査(当時)によれば、「道路の都市計画は、道路構造令などによるがんじがらめの規定があり、裁量の余地はほとんど無い、といってもよい」との見解でした。

・さらに民間のA都市計画事務所技術士のS所長によれば、「客観的な根拠が優先され、ほぼこれで決まる。最終段階で解釈上の幅がある場合などに限り、選択するうえで裁量権があるといわれている」と述べています。

以上は、私自身が直接本人に問い合わせて得られた回答ですが、いずれの方も相応の立場や職責を経験している人たちであり、そして、一様に現代の道路の都市計画において「以前のように裁量がある無しは一概にいえない」「これ（調査や必要性）なくしての裁量はありえない」「裁量の余地がほとんど無い」「解釈上の幅がある場合、選択する裁量はある」等々と述べていることからも、被告・県が主張するようなかたちでの政策的裁量も技術的裁量もありえないことは明らかです。

4 高裁控訴のため「原判決取消の理由書」を提出

二〇〇三（平成一五）年一一月二七日、静岡地裁は被告・静岡県の主張する「裁量権」を理由に、原告の請求を棄却し、私どもは敗訴しました。その後、私を含め五人は地裁の判決を不服として、東京高等裁判所に控訴し、翌二〇〇四（平成一六）年二月に、「原判決取消の理由書」を提出しました。しかし、その理由書は、地裁判決の問題点を微に入り細にわたり網羅したものでしたので、字数にして四〇頁、四万字に及ぶ膨大なものになってしまいました。そのため、同理由書は必ずしも地裁判決における問題の核心部分を明確に表現できていないと考え、同年九月に、私の手で、原告当事者の再審に向けて真意を綴った「原判決取消の理由書（補充）」をまとめ、東京高裁に提出しました。

本章で縷々述べてきた「10号事件」取下げ要請から裁量権による棄却判決までの経過と重複する部分がかなりありますが、本件事件の本質的・根幹的な争点とは何なのか、もう一度確認する意味で、その要点となる部分を本章末に［参考資料1］として掲載しておきます。

5 まとめとして――行政と司法の「もたれ合い」を克服するために

最後に本章のまとめとして、地裁の審理を通して、裁判運営で改善の余地ありと思ったことについて記しておきます。一章のまとめでも触れましたが、やはり地裁審理での不明朗な争点整理と、明らかにされない「認否」の問題は気になるところです。地裁の審理においては、争点整理とは名ばかりで、原告・被告双方の主張を比較対照しての正誤や妥当点は議論にならず、ただ主張を集めているだけであり、これでは争点整理とはいえないのではないでしょうか。裁判官がまとめ、異存がないか双方が確認し合ってはじめて「論点整理」といえるのではないかと考えます。しかし実際は、裁判官がどういう論点整理をするのか分からず、判決が出るまで主張の「認否」は闇の中であり、判決は「聞くだけ聞いたから、後は裁判官に一任せよ」といったスタイルです。

具体的争点、例えば「裁量権」や「一般的・抽象的」決定か否か、「特定個人、特定地域」については、関係条項をそれぞれに適示させれば、争点は一目瞭然となります。主要な争点項目を具体的、実践的に整理し、収斂させるよう比較・検討することで透明性があがり、納得のいく判決に近づく道だといえます。

また技術的科学的な専門知識等の必要な事案などの場合、早い段階から複数鑑定人から意見を求めるなど、制度的な充実と予算の充当を要求しているのでしょうか。法令やその解釈・運用に沿った形の「争点整理」はＡＩが最も得意の分野ではないかとも思います。いずれにしろ、迅速で透明性の高い裁決の工夫が必要なことが求められます。行政と司法のもたれ合いの構造を脱する第一歩はここから出発すべきではないでしょうか。

［参考資料1］原判決取消の理由書（補充、その一部要旨）

控訴人　島田靖久 他四名

1　地裁「10号事件」取下げ要請と「裁量」を基軸とした原判決について

(1) 10号事件と「建築不許可処分取消事件（二件）」の併合の経緯

裁判開始から併合までの経緯

【被告】都市計画決定は「不特定多数に対する一般的・抽象的決定」であるとして10号事件の「却下」を求めた。

【原告】既に「建築不許可処分」→違法、決定・処分取消しの追訴（甲事件）。

10号事件と甲事件の併合を求め「事業を前提とする道路の都市計画」は……「即地的・具体的に……（対象を特定して）定められる」と主張、（不特定多数……一般的・抽象的決定、を事例や根拠をもって否定）。

【裁判長】「10号事件」を取下げないと「得策ではない」と発言。

【原告】四名：追加の「建築不許可処分」→違法、処分取消しの追訴（乙事件）。三事件の併合を求め、認められた。

本件事件の本質的・根幹的な争点（主張）

【原告】整備事業を前提とする道路の都市計画は、法令等、多くの計画基準に即して、即地的・具体的に対象を特定して、（計画図上に……分かりやすく、できるだけ大きな縮尺で表示し）定められる。

【被告】（……定める際の）都市計画基準が抽象的・一般的な規定であるのは、決定権者に広範な裁量権を認めているからである。

裁判長による「10号事件」への再度の取下げ要請（＊は著者の注目点）

＊結審予定の二〇〇三（平成一五）年二月、裁判長より「併合の甲・乙事件について10号事件と同旨の実質審理を行なうので、最終的には10号の審理と同じことになる。10号事件は時間を要する新たな争点があるので取下げて欲しい。そうすれば判決が早く出せる」旨の、再度の要請があり、次回五月の期日においても再度取下げを督促された。

司法による実質的指導・指揮による裁判機会の「取下げ」——最高裁判例の判断回避のための取引き

＊裁判長の言う「10号事件の時間を要する争点」とは、最高裁の「却下」判例（一般的・抽象的決定）の是非（妥当性）であり、これは実は新たな争点ではありません。既に10号事件を却下するか否かの根本的争点であったので、原告の主張を理解していない被告や地裁に、甲・乙事件をわざわざ追訴し、三事件の併合を求めたものでした。

【原告】実務を担当した伊東市の訴訟参加（一旦拒否）が遅延し、原告たちは高齢者が多く、二名が亡くなり気落ちがあったこと、また年金生活者にとっての割り勘ルールによる出費も負担が大変だろうという心配が大きくなってきたこと、等のため、裁判の長期化に困りはじめていた。

＊地裁要請を善意にとれば、法に判断基準が明記されていない裁量権の重視ではなく、計画内容や変更手続を（原告の適示した計画基準に基づき）具体的に審理する。即ち、原告の10号事件の趣旨を具体化した形の主張に耳を貸すから、最高裁の判例に踏み込むという面倒な判断をしなくて済むよう時間短縮に協力して欲しいということではないか、ともとれる。しかし、それは誘導ではないか。10号事件の取下げ要請は、都市計画における一般的・抽象的という議論はしないという、一種の取引きではないかという意見も原告の中にあって（最終的には

10号事件と審理は同じならば……と）、悩んだ末に要請に従った（同年七月）。

＊この10号事件（が具体的に実質審議されること）の司法判断は、今後都市計画（道路）に係る地権者の立場に立つ（全国の）国民にとっては、我々原告同様、共通の重要問題との認識であったが、……「取消し」という結果が少しでも早く得られるならば、……実利は達成できると思ったからである。しかし、結果的には国民の「司法判断を得ることへの期待」は奪われた。

(2) 10号事件の争点と裁量権の（地裁の）根拠——争点：道路の都市計画《決定》は一般的・抽象的か？

判決の判断理由

【地裁判断】「都市計画の基準は一般的かつ抽象的である」。

理由：「都市施設の適切な規模や配置といった事項を一義的に定めることができないことから、様々な利益を比較考量し、これらを総合して政策的、技術的な裁量によって決定せざるを得ないからである」と、被告の主張を採用し、行政には広範な裁量権が認められており、（問題を）裁量権の逸脱もしくは濫用にあたるかという観点から、違法か否かの判断を行なっている。

＊広範な裁量権の根拠は、結局法の基準が一般的・抽象的だからである。

結局、都市計画の決定は「一般的・抽象的である」か否かが争点

＊地裁判断は、結果として「都市計画の決定は一般的・抽象的だから裁量で決定する」ということであり、これはまさに原告らが10号事件において「都市計画（道路）の決定は一般的・抽象的ではなく、即地的・具体的に行なわれる」と主張し、被告の主張（10号事件の却下請求）と真っ向から対峙した争点であった。

(3) 納得いかない10号事件取下げ要請と判決――取下げ要請の条件(説明)と判決理由の齟齬

虚偽説明による取消要請・主要争点排除の結果

*地裁による「10号取下げ要請」は、結果的に被告の「却下要請」を援護したことと同じになった。

*同時に上記地裁判断「都市計画の決定は一般的・抽象的」であるか否か、という(本件の本質的根幹的)争点も失くすことになった。

*地裁はこの結果を予知しながら、「10号事件の審理をしたことと同じである」と説明して、その取下げを要請したのである。

取消要請隠しと説明に反する判決理由に抗議

*判決では、地裁が「10号事件の取下げを原告に要請(指導)した」ことについて何も触れていない(もちろん「同じだ」と言ったことも……)。

*しかし「都市計画基準は一般的・抽象的であるとして行政裁量権(被告の主張)を採用すること」と、原告が「道路の都市計画は計画基準等の規定により即地的・具体的に定められる、と主張する10号事件を取下げること」が、なにゆえに同じ(審理の)結果となるのか、地裁はその理由を判決において記載すべきではないか。

*原告には10号事件の取下げを迫り、計画内容や手続行為に関する具体的な審理を行なうといいながら、被告の主張した「広範な裁量権」を基軸とする判断を行なったのは全く公正ではない。

*(10号事件取下げによる)結果、当事者が半減した原告としては、こうした地裁の裁判指揮や審理方法に対し強く抗議する。

道路の都市計画の実体（詳細基準は政令等……政令委任主義）——解釈、運用等は通達・別添などで指導

＊道路計画の決定は整備（事業）を行なうことを前提として定めるものである。従って、その区域、位置、規模等を即地的・具体的に定めなければ、目標とする具体的な事業（予算・期間等の計画）も行なうことができない。計画基準の条文や政令・省令、通達等は、一般的かつ抽象的ではあり得ない。

＊（更に）道路法、道路構造令等多くの関連法令が適用される、等々により（規定が優先され、裁量の余地は既定の趣旨に合致する残された範囲内での選択程度といわれ、ごく少なく）、客観的・合理的かつ即地的・具体的に定められる。

2 「前提となる事実」の問題点について

＊原判決においては、「前提となる事実」の収集不足または部分的採用等が見られ、明らかな誤認や、……全体を把握しないままの部分的認定、及びこれらに基づく誤った判断が多くみられる。これらは、被告の誤った主張を確認ないし検討をせずに採用・認定したこと等の結果によるものが多い。

＊「前提となる事実」の誤りの例：(1)「道路」→「街路」。(2)「原計画決定」の認定内容との不統一、混乱がある→要訂正。(3)「路側帯」（二ヶ所）→「路肩」。(4)「歩道幅員三・五m」→「歩道幅員二・〇m、並木一・五mを合わせ三・五m」

3 当裁判所の判断（誤りの例）について

＊「……国道バイパスに向かう一方通行となっていた」は誤認。→当時、一方通行であった事実はなく、また当

時、国道バイパスとは呼ばれず「海岸通線」が正しい。

＊（要・正確な認定）「従って『原計画決定の実質的整備対象として』幅員一一mに拡幅する必要がある区間は『未整備区間であった』基点から国道一三五号までの一一〇m区間であった」（『　』内を挿入）。

＊「……昭和四三年、都市計画法が改正され……」は誤認。「……昭和四三年都市計画法が新たに制定されて、翌四四年施行され、旧法は廃止された」が正しく、原判決の認定事実は誤っている。その原因は、被告側T証人の（誤った）陳述書をほぼ同文のまま転記したことによる。

＊見過ごしている認定：被告の証拠や主張、「道路網におけるネットワーク機能の重要性、相互の補完性……（乙二四、七頁）」や、「……道路構造令において平面交差部が重視（交差点での交通処理）……と主張（乙一七、七頁）」から明らかな通り、「平面交差している道路の変更は、当該道路だけでなく、（平面交差している）伊東大仁線の交通量、機能・役割にも大きな影響を与える」ので、先行した二度にわたる「海岸通線（後の国道バイパス）」の変更内容（交差点の交通処理等）を看過してはならない。

　つまり、本件変更決定は、昭和三二年の原計画決定による「（はじめての）都市計画道路網の変更」ではなく、その後（同五〇年、同五六年）の二回にわたる変更（による交差点の交通処理のチェック）を経た「現況都市計画道路網の変更」であり、地裁の認定ではその視点が欠落・不足している（以下、省略。なお前頁2・3項目に関しては、次の三章を参照）。

三章　都市計画道路の変更内容の違法性について

実態と乖離した合理性、妥当性なきデータ操作のカラクリ

はじめに

都市計画は整備事業を前提とする都市施設（道路等）に関する計画と、事業を伴わない地域・地区に関するものがあり、前者は事業を行なうために即地的・具体的に特定区域の個別対象を明確にして決定されることに関してはすでに述べました。

都市計画道路は前者に属し、その計画（変更）決定の内容は、都市計画法の目的・理念等の総則や各条文に則ることはもちろんのこと、各条文の詳細を委ねられた政令・省令及び関連通達などの具体的な条項・基準に基づくことが欠かせません。

くわえて「道路」に関しては、道路法の関係法令の規定に依拠する必要があり、特に道路法に基づく政令・道路構造令の位置づけは重要です。道路計画の内容は、その機能、役割の要である「安全・円滑・便利」な交通機能等を確保する観点から定められており、集約すれば、交通処理が可能であるか否かが最終評価の基準ともいわれています。

本件計画（変更）決定における違法性の核心部分は、計画変更内容、特に変更の理由とされた「交通量の増大とその処理」にあります。翻って都市計画法の基本規定は、基礎調査の重視です。つまり都市計画法6条は、都道府県知事は五年ごとに、人口・土地利用・交通量等の現況及び将来の見通しを調査し、その結果や将来見通しを踏まえ、計画（変更）決定することが明記され、その基準も詳細に定められています。

では、本件訴訟で争点となった都市計画道路における幅員拡幅の変更は、これらの緻密な法令の規定に関して、行政は正当な調査を行ない、検討・解析をして決定に至ったのでしょうか。住民の暮らしに直接影響をもたらす都市計画道路の変更決定が、もし仮に恣意的な予測やデータに基づき決定がされたのだとすれば、住民の不利益は大きく、行政の責任は限りなく重いものになります。本章では、この問題を中心テーマとして論じることにします。

＊

本件都市計画道路・伊東大仁線（以下、都計道・伊東大仁線、と記す）は昭和三二（一九五七）年、もともと全長一三二〇m区間、幅員一一mを原決定としてスタートしています（全長一三二〇mのうち整備済み区間一二一〇mは、県道一二号伊東修善寺線と重なる。なお未整備区間一一〇mは市道）。その後、三〇年が過ぎた昭和六三（一九八八）年から四年間にわたり計七回、住民説明会が開かれます。その間、伊東市は計画変更区域を未整備区間一一〇mにこだわり続けます。ただし、幅員については一一mの他、一六m、一七m、二〇m案が提示されるなど混乱が生じますが、平成二（一九九〇）年三月以降は一七m案で話が進みます。最終的には整備区間一八〇m、幅員一七mに決定しますが、その詳細な経緯については、四章で詳しく説明します。

なお、本件都計道・伊東大仁線の度重なる計画変更の背景には、昭和四四（一九六九）年施行の新・都市計画法、翌四五年の道路構造令の施行、さらに昭和五〇（一九七五）年に道路構造令の改正予告と通達、昭和五六年の同構造令改正と通達、昭和五八年にその『解釈と運用』本の出版等々の動きにくわえ、昭和五九年の海岸通線（国道一三五号線、通称バイパス）の二車線供用、昭和六二年の同四車線供用開始という目まぐるしい状況の変化がありました。

本件都計道・伊東大仁線の一一〇mの未整備区間は、この海岸通線に接続するために変更決定されたものであり、この間、伊東市は幾つもの重要な資料を作成しています。特に問題なのは、市街地の実情を無視した人口予測手法を採用して過大な交通量データを捏造し、本件の道路拡幅変更の根拠資料としたことです。原告である私たちは、本来基本となるべき上位計画（「第二次伊東市総合計画」）を含め、いかなるデータに基づき道路拡幅が決定されたのか、関係資料の内容や意図等を吟味しました。その際に検討した主要な資料は、［参考資料2］として本章末尾に列記しておきました。

1　計画変更の理由・その1：将来交通量と人口予測の関係

本件の都計道・伊東大仁線のような市街地にある道路は「街路」と呼びます。なお道路には種別や等級、車線数や幅員等を定める基準があり、都道府県知事は「基礎調査」に基づき目標の年における「将来交通量」の把握が求められています（都市計画法6条）。

街路の交通量とその沿線地域の人口は強い相関関係にあるため通常、将来交通量を求める際は、街路の「将来人口」が用いられます。注意点としては、通過交通即ち外から入ってくる車の将来交通量、それから大型施設、就業人口等の動きの影響が無視できませんので、その将来動向を踏まえて検討する必要があります。いずれにしろこの二つの要素、つまり通過交通＝広域交通、域内交通＝（街路の）発生・集中交通の両方を加味して将来交通量を予測する必要があります。

(1) 都市計画道路・伊東大仁線の機能変化

交通量の偏り

本件都計道・伊東大仁線は、一九九三（平成五）年から建設省（当時）指定の主要地方道の位置づけにあり、「街路」として域内交通の機能をもつ一方で、幹線道路として通過交通を受けもっています。したがって、本件都計道・伊東大仁線が現状ではどの程度、広域的な機能をもった道路として通過交通と関わっているのか、また、将来予測（二〇年先）に関しての調査が欠かせません。

広域道路機能としては、亀石経由の県道伊東大仁線（県道一九号線）と冷川経由の伊東修善寺線（県道一二号線、本件道路と重なる）があり、昭和三〇年代、四〇年代は定期バスなどもあり、県道一二号線が比較的交通量の多い路線だったのですが、登坂車線の整備が進んだことで、県道一九号線の交通量が多くなり、幹線道路としての機能は一九号線に代わり、さらに現在も拡幅整備が進行中です。

また本件道路の現状交通量調査によれば、市街地の海側よりも山側の交通量が約二倍、山側の接続先（住宅開発などの進んだ荻方面の角折）ではさらに多い一方、道路全体の交通量は減少しています。

この交通量が一定でないことは、通過交通の影響が少ない（逆に、域内交通が多い）ことを示唆しています。同時に、通過交通の多くが海側の海岸通線（国道一三五号、通称バイパス）につながる本件変更区間側よりも、人口が増えつつある市内南部の荻・吉田方面に近い山側に偏っていることは、人口の動態変化と連動しているはずであり、本件道路は「街路」としての性格をいっそう強めているといえます。

将来計画：広域的役割の低下

都計道・伊東大仁線の役割変化はもう一つ、国の伊豆縦貫自動車道計画（沼津から下田方面に伊豆の中央を縦貫する道路）が計画・調査段階から事業化段階に進んだことも影響しています。伊豆地域の各市町村はこの縦貫道へのアクセスを死活問題として重視するようになり、伊東市も参加して同計画建設期成同盟が設立されるとともに、対応策が検討されはじめます。

伊東市はこの伊豆縦貫道に接続するために「南・北アクセス道路」の検討・計画をはじめますが、「北部アクセス道路」としては県道一九号線、「南部アクセス道路」としては遠笠経由の八幡野線を立案し、県道一一二号線はその対象から外れます。裁判において被告である県はこのアクセス道路に関し、「整備はアクセス道路としてではない」と主張し続けますが、市の計画との食い違いが露呈しました。

このように南・北アクセス道路の計画によって、中伊豆方面と伊東を往来する広域交通や通過交通の二〇年後の交通量見通しは、基本的にはこの南・北アクセス道路が受けもち、その中間に位置する県道一一二号線伊東修善寺線は置いてきぼりを食うかたちとなることで、通過交通（広域交通）機能はさらに減少が加速することが予測され、そのことからも本件道路を拡幅する積極的な理由は薄れてきます。

本件道路（街路）の実態及び将来予測を見誤る

以上のように、本件路線における域内交通（発生・集中交通ともいう）の比率は高まり、将来にわたって「街路」としての機能が現状よりさらに強まることが十分予想できます。その点、県や市は「街路」としての「域内交通」の現況及び将来の見通しを軽視しており、係争中においても「広域的道路としての役割は変わらない」とした県の主張は、本件街路の現状と将来の実態を把握できておらず、これが第一の誤りということになります。

ところで、本件路線の拡幅変更の理由としてあげられている「交通の増大」とは、二〇年先の目標年次における「予測交通量の増大」を意味しており、そのためには、地域の予測人口の増大を示すデータの精度が問題となります。しかし本件では、上位計画である「第二次伊東市総合計画」で行なった本件対象地域の人口減少予測を無視し、逆に人口増大データを新たに捏造しています。この誤りが、本章で私が言わんとする核心部分の一つです。

(2) 恣意的な人口予測と不適切な地域配分の方法

市街地は人口減少が加速

車社会の到来や就業機会等の偏在など社会情勢の変化、また伊東市自体の抱える諸問題から、昭和四〇年代には若者や企業が土地が安くて広い郊外へ移動して市街地が空洞化してきます。いわゆるドーナツ化現象ですが、道路も敷地も狭い伊東市の中心市街地は人口減少、店舗等の減少が顕著になりはじめます。特に、中心部といわれる湯川・松原・玖須美・岡の旧市街の中でも松原地区の減少が大きく、逆にかつて郊外部といわれた鎌田・荻・川奈・吉田（小室地区）の各地区、その中でも中心部に隣接する鎌田地区と吉田地区の増大が目立ちはじめます。

本件変更決定区間は松原地区にあり、また本件路線は松原・岡の両地区にまたがっている「街路」ですから、「人口と交通量の関係」からいえば、この両地区（＋湯川地区）の人口動態が鍵を握ることになります。松原地区においては、昭和四五（一九七〇）年頃から既に人口減少がはじまり、その傾向は弱まることなく続き、平成の時代に入ってもその傾向は止まっていません。

また、本件区間は古くから狭い平坦地に人家や店舗が密集し、人や商品の移動・運搬用の車庫すら満足に確保できない事情があること、さらに若い世代の車願望といった社会情勢の変化等で生じる流れと相まって、中心市街地の人口減少は止めようのない現象といえるでしょう。さらに若者の郊外移住が人口のドーナツ化現象とともに市街地における諸活動を停滞させる一因ともなり、中心市街地の人口減少を加速させたともいえます。

意図的な数値による将来予測人口（捏造数値①）

伊東市の将来人口見通しに関して、「第二次伊東市総合計画」（計画期間：一九八六年〜二〇〇一年）は、全市の人口見通しについて増大（これも結果的には誤っていたのですが）と見込んでいますが、中心市街地、その中でも松原・湯川地区の人口に関しては減少する、としています。岡地区は比較的遅くに市街地化したこともあり、人口減少はやや遅れて見えはじめ、さほど大きくありませんが、将来の見通しは松原ほどではないとしても、減少とされていました。

街路の性格が強い本件道路の位置する松原・岡地区及び湯川の三地区における、こうした人口統計データ（減少）や上位計画である第二次伊東市総合計画による減少予測は、まさに都市計画が最も重視する「基礎調査」（「現況及び将来見通し」）そのものでありますから、人口の増大予測をした被告（県や伊東市）は、上位計画や基礎調査の結果に反する作業を意図的に行なったことになります。

通常、将来人口の予測作業は、建設省（当時）の指導もあり、手法の異なる三通りの方法による予測値を使うことになっています。しかし、伊東市は別途、第二次総合計画における、いわばこうあってほしいという願望を込めた目標年次の人口を含めて、本訴訟においては、三通りの方法による最上位の数値どころか、これを超える第四の目標値を採用しており、その増大人口値については、さすがに裁判（東京高裁）では指摘を受けました。しかも、この増大値と基準年人口との差（増加人口）を異例な配分法により按分する手法を採用して、交通量が増大する根拠にしたのです。なぜ、通常の三通りの方法で判断しなかったのか、その理由は後に国からの補助金がからんでいることで分かることになります。

建設省（当時）に人口の予測作業について確認したところ、「通常は三通りで行ない、中位の結果を採用する」との回答でした。一方、伊東市は三通りの予測値の中位（中間）ではなく、最上位の予測人口よりさらに大きい総合計画・目標年次の予測値を採用しました。つまり、通常の方法での予測値では道路拡幅の根拠が「希薄」となることから、一番大きい政策上の目標値を採用した、というのが答えでした。これでは「科学的基礎調査」とはとてもいえず、「意図的な数値」即ち単なる誤りではなく「捏造データ」といえます。

伊東市は、この意図的に想定した「将来予測人口」を用い、現在（基準年）人口との差を「増大人口」とし、この数値を「配分する母数」としますが、これが捏造の数値①となります。

予測人口の地域配分比率の間違い（捏造数値②）

市町村で特定分野の政策を立案するため、人口推計等を基礎にした長期予測がされる場合、総合計画など上位計画との整合性を確保するため、新しいデータなどの必要があれば、根拠となる補正要素を明確にして用いなければなりません。交通予測等に関する専門家の回答などから、そうした手続なしに総合計画など上位計画の予測に反する予測・推定を行なうことは、通常ありえないといわれています。

しかし、伊東市の将来人口算出法及び配分法は次のようなものでした。本件沿線の街路は大半が商業・近隣商業地域に属し、容積率は概ね三〇〇～四〇〇％が許容されています。具体的にいえば、敷地の三、四倍の延床面積（四、五階建程度）の建物が可能な地域（ゾーン）であり、それだけ一定の収容可能人口が大きい地域とされ、その地域で人口の空きがあれば、収容可能人口は増える、という考え方です。

こうした考えによれば、このゾーンの人口が減少し土地が空いてくれれば、収容可能な枠は大きくなり、将来予測人口は、人口増加の可能性が高まるニュータウンなどでよく使われる方式、即ち「新規開発計画で机上の計画をする場合の手法」を採用しています。人口ドーナツ化現象が進行する既存市街地の実態にそぐわないこうした手法を予測作業の初期段階で採用したこと自体が、根本的な間違いなのです。

しかし、問題はこの先にあります。というのは、この沿線地域を二五のゾーンに分け、各ゾーン毎に可能な容積を「収容可能人口」と称し、その収容可能人口から現況の人口を引いた残りの人口を将来収容可能な人口「残容量」（将来増加可能な人口）として、この「残容量の総計」に対する各ゾーン毎の「残容量の比率」を算出し、各ゾーン毎に予測人口の増加分を配分しています。この「配分比率」が捏造数値②ということになります。

異常な「残容量」による増加人口の配分

一九九〇（平成二）年を基準年に、目標年次を二〇一〇（平成二二）年とした第二次伊東市総合計画は、将来人口の目標を八万五〇〇〇人（結果的には過剰な希望的目標値）と設定し、その目標値により、市は基準年次（平成二年）の人口との差数＝六三〇〇人を「予測（総）人口増加分」としました。

この六三〇〇人を母数とし、先の市域二五のゾーン毎に、六三〇〇人を「残容量の比率」によって按分（六三〇〇×残容量の比率）し、これを「ゾーンごとの人口増加分」の将来予測値としました。

各ゾーンの将来予測人口は、この増加した「ゾーンの人口増加分」＋「基準年次の同ゾーン人口」として求められます。こうした方法により「本件道路の各区間の位置に対応するゾーンの将来人口」（各区間ごとの人口）を求めたことになります。

既存の市街地に新規開発と同じ「収容可能人口」という予測手法を用いるのは、実態とかけ離れてしまう恐れが大きく、非常に問題があります。例えば二五のゾーンの一つ、一－四ゾーン（山の上の開発途上地区）は、全て住宅地と想定され、平成二年時点の実際の人口は八二二人と少ないのですが、可能収容人口五五〇〇人弱とされています。その理由は急斜面の地形が多く、元々空きの大きいゾーンであり、その分、将来人口が増える可能性がある地域とみなすという理屈です。それゆえ、机上計算では、人口の「残容量」＝五五〇〇－八二二＝四六五〇人強となり、「残容量の比率」が本件対象区域である一－一ゾーン同様、一番高いゾーンとなります。つまり、予測人口の増加分（平成二二年でいえば六三〇〇人）を一番多く配分されるゾーンの一つとして、平成二二年人口は平成二年の一・七倍（一四一〇／八二二）、平成二二年人口は二・六倍（二一二二／八二二）と予測しています。

実態に逆行・乖離した人口予測の結果

これは、伊東市の道路計画のマスタープランである「都市計画道路網計画」（本章末［参考資料2－(3)］）が、上位計画（第二次総合計画）によって既に推計されている「将来予測人口」を無視し、かつ、予測段階でも実情を無視した矛盾のある手法を採用したことによって生じた一例です。

またその他に、実は人口ドーナツ化が進むゾーンの人口予測も同じ手法で行なっています。既存の人口統計資料によれば湯川・松原・岡の三地区の人口は昭和四五年から六〇年にわたり継続的に一五から二〇％減少し、かつ伊東市は「第二次総合計画・第五次基本計画」（計画期間：一九九一～一九九五年）において、その三地区の平成一二年人口が昭和六〇年に対し平均一二％減少すると既に推定している事実があります。

さらに付け加えるならば、三地区の二〇一〇（平成二二）年の人口の実数は、増加ではなくさらに減少し続け、また伊東市全体の人口も、六三〇〇人の増加ではなく、逆におよそ一万人弱も減少しています。

専門家の指摘

住民が実感として抱いていた実態との乖離を、市の資料が掲げた数値や手法の問題点を具体的に示し、その矛盾を指摘してくれたのが、二五のゾーンを設定し、各ゾーンの交通量の予測等を業務としているコンサルタント業者でした。同コンサルタントは、本件街路の存在する松原・岡の両地区のゾーンと、山の上のニュータウンタイプの一－四ゾーンが、同じ人口増加の残有量の高い地区になっていることの疑問点を、明快に教えてくれました。おかげでデータ操作のトリックの解明が進みました。

二〇〇〇（平成一二）年の三地区の人口の予測について、第二次総合計画による一二％減少の推定に対し、上記の道路網計画では逆に一九九〇（平成二）年より一五％の増大を予測するなど反対の動向を予測し、かつその差が大きい等、同じ伊東市の資料なのに相反する記述であることを、コンサルタント業者は指摘してくれたのです。

将来交通量予測の不当性

以上のように、市のデータ捏造のカラクリは、山側の開発途上のゾーンをモデルに、そのゾーンは空きが大きい地域だから、そこの空き率を人口増加率に置き換えて、その理屈を道路拡幅を目論む本件区域のゾーン（一‐一、一‐五ゾーン）に当てはめようとしたのです。こうした人口増大予測のトリックを用いて、本件の道路拡幅変更の根拠資料が作成され、検討や解析が行なわれました。結論だけを信じるなら、そのトリックは成功といえるでしょう。ところが、うまく作り過ぎたために、実態とかけ離れた結果に住民は疑問を持ち、データの信憑性を確めるため、建設省（当時）や交通専門家に助言を求めました。

街路の沿線人口と発生・集中交通の強い相関性からすれば、交通の実態が増大予測と異なるならば、それは人口の予測データが現実と異なり、妥当性がなかったということになります。その背後には、これまで述べてきたように、行政による捏造といっておかしくないデータ操作のトリックがありました。いずれにしろ、間違いの原因が人口予測にはじまり、それが将来交通量予測の合理性、妥当性を揺るがせ、道路拡幅決定そのものに信頼性が失われた、ということになります。

中間年（二〇〇〇年）及び目標年次二〇一〇年の予測交通量

本件道路区域の一‐一ゾーン、一‐五ゾーンとほぼ同様の残存率（言い換えれば大きな配分率）と計算された一‐四ゾーンにおける二〇〇〇（平成一二）年の人口を一九九〇（平成二）年の一・七倍（一四一〇／八二二）とした予測と、実際の交通量の増減傾向とに差異があるならば、右記の通り、その人口予測に妥当性がなかった、ということです。

伊東市が作成した「都市計画道路網計画」（［資料2－⑶］）、一九九四／平成六年策定）では、伊東市内における目標年次二〇一〇（平成二二）年の総発生集中交通量として、建設省中部地方建設局の推計値＝二三万五六〇〇台／日をそのまま採用しています。これは伊東市に限定した予測値の検討を踏まえたものではなく、バブル経済時代の増大予測値を踏襲しての配分ですから、はじめから基準年次である平成二年の一・三倍となる予測値を引用しただけのことです。この「推計値」と平成二年との差＝約五万四〇〇〇台／日を予測増分として、この値を（前出の「残容量」の比率から配分・算出した）各ゾーンの（増加）人口比によって按分し、一九九〇（平成二）年の交通量に加算しています。

この結果、目標年次・二〇一〇（平成二二）年の発生集中交通量（域内交通量）を平成二年の二・七倍とするなど、異常な増加を予測しています。こうした計算のもとで作成された平成二二年の将来交通量は、人口予測段階における数値と同様、全く妥当性がないうえ、人口予測とも無関係です。

⑶ 信号交差点計画と右折車線の問題

さて、問題はもう一点あり、増加予測した交通量をどういう形で処理するかという検討が残っています。増加する交通量の処理の問題は「混雑率」で計算するのが一般的です。その際、単路部（直線部）と交差点の二つに分けて検討します。単路部の場合、当該道路の幅員であれば、一日何台通れるか、その許容量をさし、その許容量を分母にして実際の交通量を分子にして計算します。将来交通量での混雑率を計算する際、まず単路部における可能交通量（許容量）と将来交通量を計算します。この後述べますが、本件では一・〇六という数字が出ました。一を基準にして、数字がそれ以上になると渋滞の問題が出てきますが、一・〇六であれば、実際はほとんど変わりません。本件の場合、将来交通量を大幅に水増ししたうえでの数字ですから、問題はないはずです。しかし伊東市はこの一・〇六を道路拡幅の根拠に使いました。

混雑率のもう一つの検討は交差点の問題です。交差点の混雑率をどう読むかといえば、一日のピーク時における渋滞率で計算し、その交通処理を「交差点信号計画」で検討することになります。伊東市が作成した「未整備区間変更資料」（［参考資料2-⑷］、一九九五／平成七年作成）では、目標年次でもない中間年の二〇〇〇（平成一二）年における増大交通量を用い、「信号交差点計画」の検討を行なっています。将来人口予測の不当性とともに、本件変更決定の違法性を示す「核心部分」ですので、以下に詳細に記述することにします。

なぜ、中間年を「検討年次」としたのか

目標年次を二〇一〇（平成二二）年とした都市計画（変更）道路に関する検討は当然、同年の予測値を用いて検討しなければなりません。従って、本件変更決定の重要根拠となる検討データ等は、前出の「未整備区間変更資料」のケース1の場合であれば、その区間の平成二二年の予測交通量＝四一〇〇台／日を用い、そのピーク時の検討結果によって交通が捌けるかどうかを見なければなりませんから、その資料が欠かせないはずです。ところが、その必要不可欠なものが「無い」のです。考えればおかしな話です。し

かし、事実は「無い」のではなく、「ある」けれども、その予測台数では交通減少のデータとなるだけでなく、交通量を捌ける資料となってしまうので、あえて検討資料を隠してしまった、と推察されるのです。

先に記したように、伊東市は目標年次でない中間年の二〇〇〇（平成一二）年における増大交通量を用いて信号交差点計画を作成しています。本来、中間年での検討は、その過程期間における問題の有無等の検証をすることにあり、本題ではないはずで、重要なのは、目標年次で渋滞を捌けるか否かにあります。しかし、伊東市の作成した上記「未整備区間変更資料」が、目標年次（予測交通量四一〇〇台／日）での検討を避け、ある意味副次的な位置づけの中間年（予測交通量八二〇〇台／日）を資料として採用・検討した理由は明らかであり、問題だと指摘されるかも知れないことを覚悟の上で選んだ窮余の一策だった、と思われます。

常識はずれの信号サイクルの設定

「信号交差点計画」における信号サイクルは、車だけでなく歩行者が横断できる時間も考慮して設定しなければなりません。通常、歩行スピードは一mを一秒とし、かつ若干の余裕を見込んで決められます。前出「未整備区間変更資料」のケース1（交差点A）の場合、海岸通線（国道一三五号バイパス）の幅員二二mのうち車道幅員を一六〜一七mとすると、二四〜二五秒程度の歩行者用の青時間が必要となります。

右記資料による交差点Aの信号サイクルの時間は六〇秒にして、そのうち黄・赤時間一〇秒の残りの五〇秒の青時間を、バイパス方向に三〇秒、右折用に五秒、本件道路からの流入つまり青の長さに一五秒としています。そこで都計道・伊東大仁線側から海岸通線に渡る人の歩行者の時間が問題になります。海岸通線の幅員は二二mで、車道は一六mですから、一六mの車道部分を一五秒の青信号の時間で渡らなければならないことになります。信号は普通、一mを一秒で渡るという計算ですから、お年寄りや乳母車であれば、その一・五倍、場合によっては二倍を想定しておく必要があります。しかし、それを一五秒にするわけですから、歩行者は信号が変わってすぐに歩きはじめても渡り切れない設定時間になっています。年配者や子どもなどは無理といえるような計画は本来ありえないはずですから、このような歩行者が渡れない計画を検討すること自体、無謀です。専門家に聞いたところ、この車道であれば、信号サイクルは九〇秒ないしは六〇秒の倍の一二〇秒が妥当な道路だと指摘しました。

要するに、常識はずれの六〇秒という信号サイクルを設定して、伊東大仁線からの秒数を一五秒にすることで発生する渋滞を想定して、その解消のために右折車線が必要だという理屈がつくられたことになります。それが道路拡幅の根拠ということになるのです。

同じ「未整備区間変更資料」のケース1の中に「バイパス歩行部の横断（a、b）に最小時間として一六、一七秒……」とあります。つまり、渡りきれない時間であることを知りながら、あえて歩行処理のできない信号サイクル時間を設定した「拡幅ありき」の意図的な行為だといえます。

交差点Aにおける交通処理能力

同じ右資料のケース1で、単路部の混雑率の値が一・〇より小さければ、その交差点での交通処理は可能ということになります。上記資料の解析によれば、交差点Ａにおける交通量（平成一二年区間交通量＝八二〇〇台／日）の処理は、信号サイクル六〇秒でも可能とされています。

当然ながら、目標年次の平成二二年の予想交通量＝四一〇〇台／日であっても交通処理は可能であって、支障がないという検討結果となります。つまり、ケース１の右折車線がない場合であっても、しかもサイクルの長さ六〇秒のままでも、また平成一二年、平成二二年の「増大」とした予測交通量でさえも、交差点Ａでの交通処理は可能なのです。

単路部（交差点Ａ付近の直線部）における交通処理能力

交差点を離れた単路部における交通処理能力の判断は、その道路の交通容量Ｃｐ（キャパシティ。許容交通量ともいう）に対する予測交通量（Ｖ）の多寡（Ｖ／Ｃｐ）で判断され、一・〇を超えるか否かが、混雑が生じるかというかの鍵を握っています。

前出「未整備区間変更資料」（まとめ）では、Ｖ／Ｃｐ＝一・〇五九の値を指して「容量オーバー（六％弱）」といって右折車線の必要な根拠としました。

有効青時間の設定について

右資料ケース１では六〇秒のサイクルの長さでしたが、通常の一二〇秒で考えれば、その間の黄と右折矢印の時間、一五秒の回数が一回減ることになりますので、その分だけ有効青時間が長くなり、バイパス一〇秒と本件道路に五秒を振り分ければ、本件道路（流入）は一五×二（＝三〇）＋五＝三五秒となります。サイクル一二〇秒では、有効青時間は約一七％（三五／三〇）増したことにより、比例して交通容量も約一七％増します。これは約六％の「容量オーバー」より大きいので、処理は十分可能です。数値でいえば一〇五九／一一七〇＝〇・九〇五となり、渋滞処理の問題はなくなります。つまり交通容量Ｃｐは有効青時間（サイクルの長さ）に比例します。

ピーク時の交通処理能力の検討

ピーク時の予測交通量＝四一二台／時に対し、行政が示した信号サイクル六〇秒での一五秒間の一車線・交通容量は、一五五五台／時×一五／六〇＝三八九台／時となりますから、四一二／三八九＝一・〇五九となり、行政が強調したように容量オーバーとなります。

しかし、通常の一二〇秒サイクルで見ると、同じ一車線でもその交通容量＝一五五五台／時×三五／一二〇＝四五三台／時となり、四一二／四五三＝〇・九〇九ですから、「容量オーバー」は解消されることになります。つまり、交差点信号計画が通常のサイクルの長さで設定されれば、ピーク時の交通量であっても、何ら容量オーバーにはならず、交通処理は十分可能だということです。

逆にいえば、交通処理ができない（容量オーバーになる）ことを導くために、意図的に（歩行者も横断しきれない）短い六〇秒という信号サイクルを選んだことになります。そう考えれば、前出の「未整備区間変更資料」の六〇秒サイクルの設定と解析は、単なる偶然とはいえません！

(4) 交通量減少のもう一つの要因

変更区間の交通量減少の理由

本件変更区間の交通が基準年(平成二/一九九〇年)の調査時点より、将来減少すると推測される理由は、人口動態の減少だけでなく主要公共施設等の移転、店舗等の減少等からも十分推定され得ることであり、現況及び継続中の状況・傾向を考慮すれば、より明白になります。

本件変更区間の沿線または近接の周辺から、主要施設といえる商工会議所が平成二年に、また市役所、静岡銀行、駿河銀行が平成六~九年に移転しました。いずれも車両の出入りが多く、特に市役所の駐車場は常に満車に近い状態でした。これらの移転により、各施設への往来車両は減少どころか無くなるわけですから、伊東大仁線の交通量は目に見えて減りました。これは明らかに予測人口数、ひいては予測交通量値以上のマイナス要因となります。

就業人口と店舗の廃業、倒産

本件区間は、かつては歩行者の往来も多くありましたが、銀行跡地から物販店に変わった一店舗を除けば歩行者も激減しました。市役所・銀行の移転の影響は大きく、近くの商店街はその移転の数年後から閉店が多くなり、目標年次の前から「シャッター通り」と呼ばれるようになりました。勤務先の移動に伴い、当然のこととして車も就業者も、そして買い物客もさらに減少しました。これも予測人口数、ひいては予測交通量値以上のマイナス要因に数えることができます。

以上の二項目は人口予測では直接読み切れない要素かも知れませんが、実情は想定以上の減少結果といえますから、当然ながら交通予測値に反映させることが妥当と思われます。

本来ならば、都市計画法6条が規定する「就業人口」や「土地利用」の現況及び将来の見通しについての基礎調査をすべきところですが、県・市の予測資料にはこうした調査が含まれていません。これも影響が大きい場合には、法の規定を無視した点で、落ち度というより違法というべきです。

(5) 計画変更の理由・その1のまとめ——予測交通量・交通処理等の違法について

さて、本件道路拡幅の核心部分をめぐる捏造といってもいいデータ操作の実態をみてきましたが、ここで予測交通量と交通処理に関する違法について、中間的なまとめとして、問題点を整理しておきます。

人口と交通量の相関性に関し、まず人口予測から……

① 先に記したように、将来人口の予測値は、三通りの中位値（建設省指導）とする方式でなく、それを超える政策的（恣意的）数値として「目標年次（平成二二）人口八万五〇〇〇人」を将来人口とし、基準年次（平成二年）との人口差数＝六三〇〇人を総「増加人口」（配分母数）とした。

②面積・容積率による「居住可能人口」に関し、新規開発のニュータウン等に用いる手法を用い、「人口が減れば減るほど、居住人口の可能性は増加する」という理屈をたて、減少が大きい市街地ほど逆に増加比率が大きい、とする手法を採用した。こうした手法により、各路線・ゾーンごとの「居住可能人口」を求め、その合計総数に占める比率を算出している。これが配分率となるわけだが、この手法を既成市街地に採用するのは不適切である。

こうした手法によれば、人口減少の大きい本件地域の対象となる一－一、一－五ゾーンの人口配分率は大きくなり、最大級の増加が配分される（過大な増加人口六三〇〇人×不適切な増加配分率）。

将来予測交通量をめぐって

①伊東市域の人口予測の結果でなく、二〇一〇（平成二二）年の将来予測交通量として、建設省中部地方建設局の推計値を採用、一九九〇（平成二）年の交通量との差（五万四〇〇〇台／日）を予測増加交通量としている。しかし、この数値はバブル経済時代の（増加）予測値であり、一九九八（平成一〇）年当時も過大といわれていた。

②この五万四〇〇〇台／日を各路線ゾーンごとに、それぞれの将来人口の増加分の比率（配分率）により配分している（各路線の増加交通量）が、これは過大な予測増加交通量×不適切な配分率＝過大すぎる増加！というべきである。

③現在交通量＋増加交通量＝（将来）予測交通量であり、この数値が交通処理の検討対象値となるべきで、

「伊東大仁線の二〇一〇（平成二二）年予測交通量は四一〇〇台／日」となる。

交通処理の問題・その1

① 伊東市の資料は、本来検討すべき目標年次（二〇一〇／平成二二年）での交通処理の検討を回避している。理由は交通量が少なく、「処理は可能」と分かっていたからである。これは意図的な削除であり、正規な基礎調査の体をなしていない。

② 逆に、予測交通量が大きな値となった二〇〇〇（平成一二）年の中間年で検討し、不純なテクニックを駆使して右折車線が必要となるデータを得ている。はっきりいえば、これは捏造、違法な根拠づくりである。

中間年における検討は全く無意味とはいえないが、主題とはいえない。主題はあくまで目標年次における交通処理ができるか否かであって、（変更）決定した計画の妥当性を検証することである。途中経過の状況を把握する意味はあるが、本件では目標年次での「交通処理の可能性」が見えているから、途中経過は、（大渋滞が予想されるような）極端な障害がなければ、重要視することはないという程度の検討、ということになる。

③ 問題は、捏造といえるような手法を重ねて算出した「将来交通量」のうち、残った切り札として採用された「中間年の将来交通量の交通処理」が、適正な手法で検討されたか否か、にかかっている。

単路部における交通処理が可能か否かは、交通量／交通容量（許容交通量）で判断される。将来予測であれば分子は将来予測交通量であり、分母はその路線の（車線数・幅員等で決まる）許容可能な交通量となり、一・〇未満であれば、混雑（容量オーバー）はなく、交通処理は可能、となる。

交通処理の問題・その2

「交差点信号計画」での瑕疵・不条理といえる手法はつぎの通りであった。

①異常な信号サイクル時間を設定し、国道海岸通線（通称バイパス）の横断歩道（一六ｍ）を歩行者が渡り切れない青時間（一五秒）としている。通常であれば、青時間は二四、五秒で設定されるべきであり、一五秒では老人や乳母車等の交通弱者はもちろん、大人でも渡れない。

②この信号サイクルでは、ピーク時に車も多少の障害（信号二、三回に一台の渋滞）が出る恐れがあり、交通処理は一・〇五九＞一・〇の容量オーバーとなる。市の計画では、この容量オーバー約一・〇六をもって、右折車線が必要とする根拠とした。

③しかし、ピーク時の容量オーバー約一・〇六を算出した市の資料によれば、実態的には「交通処理は可能」と記載されており、障害になるような状況との認識は示されていない。

④正常な交差点信号計画であれば、信号サイクルは、幅員二二ｍの国道バイパスの場合は、通常一二〇秒、少なくとも九〇秒とするのが正常範囲とされている。仮に九〇秒と設定すると、赤と黄色の回数時間は変えずに済み、増えた三〇秒をバイパス側に二〇秒、伊東大仁線側に一〇秒振り分けられる。

⑤そうなれば、伊東大仁線の青信号は二五秒となり、ピーク時交通量＝四一二台／時に対し、交通容量は一五五五台／時×二五／九〇＝四三二台／時となるので、交通処理については、四一二台／四三二台＝

〇・九五三＞一・〇、つまり処理可能である。信号サイクルの長さが一二〇秒（前出）なら、さらに安全である。

では、道路拡幅のために無謀な資料をつくった背景・原因の背後には何があったのだろうか。振り返ると、一つに、県の杓子定規で柔軟性のない解釈・運用と指導……怠慢、不勉強、メンツ。二つに、市の不勉強、補助金狙い、が考えられる。このことについては後述することにします。

2　計画変更の理由・その2：道路構造令の解釈・運用

本件変更決定における最大の争点は、街路の「幅員」一七mが適正であるか否か、でした。長期にわたり事業が未完の都市計画道路の多くは、決定期間内に法令等が改正され、原決定との間に差異が生じた場合、これをどう調整・処理するかが、当然問題になります。

被告である静岡県・伊東市は、都計道・伊東大仁線の未整備区間の幅員を一七mにすることについて道路構造令（道路法・政令）の適用を主張しました。しかし原告である私たちは、同構造令3条でいう小区間改築の場合の「特例」を適用すれば、本件変更決定において道路拡幅を一七mにする必要はなく、すでに整備済みの区間と同じく幅員一一mで問題は無いと主張しました。

道路構造令の施行は新・都市計画法が施行された翌年の一九七〇（昭和四五）年ですが、本件都計道・伊東大仁線は当時すでに九割以上が幅員一一mで整備済みで、未整備なのは原告らが居住する幅員二・五mから四m程度（一方通行）の一一〇m区間（市道部分）のみの状況でした。なお、この一七m拡幅案は海岸通線（後のバイパス）に接続するための計画ですが、当時海岸線通は幅員四m程度の砂利道でした。

ところで一九七五（昭和五〇）年に道路構造令の改正が予告され（実際の施行は六年後の昭和五六年）、通達に併せ「別添」がくわえられました。「別添」は、道路構造令改正後に生じる混乱を予想して、その問題解決の手法として位置づけられたものでした。その趣旨を噛みくだいて記せば、既決定の都市計画道路においては、既存の幅員ですでに街路ができているはずだから、既決定の都市計画道路については、その限りでないということを補充したものです。

私は、この「別添」の補充に注目し、本件の幅員一七m案が正当性をもち得るものかどうか、検討をはじめました。通達による補充は三段階でチェックすることを要請しています。一つは、可能ならば、なるべく改定する道路構造令の標準幅員に合わせることが望ましいこと。二番目は、標準幅員からおおむね三分の二くらいの同等の処理能力のある幅員ならば良しとすること。三番目は、ここが重要になりますが、もし、それでもダメな場合は、元の幅員でもいい、とあります。但し、将来交通量を処理できるどうかはクリアすべきと。つまり、条件付きで一一mでもかまわない、と解釈できる内容です。ここが本件訴訟で争点となった道路構造令のポイントです。

そこで、この「別添」の解釈をめぐり、私は、建設省（当時）の都市計画課の企画担当者と面談し、そのときの回答で、私の解釈は確信に変わりました。つまり「基準案に満たない標準幅員以下の場合は……拡幅が困難な場合であり」、かつ「この基準案による幅員と同等の機能を果たし得ると認められる幅員以上であれば、……既決定の幅員のままで施行できる」ということです。通達の趣旨は、無理な改正道路構造令の適用がなくとも、同構造令に違反するものではない、ということです。ただし、交通処理が可能であればの条件付きだと。しかし県と市は、この「別添」に目をつむり幅員拡張を主張しました。

(1)「基準」幅員と「別添」による縮小幅員の関係

道路構造令を拡幅理由とする県・市の誤り

まず、道路構造令の制定によって拡幅が必要か否かの問題ですが、同構造令の制定は先述のように、昭和四五年ですが、県・市は道路構造令に明らかに違反しています。というのは、道路構造令には、計画変更で平面交差（接続）する場合は、もう一方の道路にどういう影響が出るか、チェックしておくよう定めています。しかし、都計道・伊東大仁線は実は二度もノーチェックでした。

県は知事権限で一九七五（昭和五〇）年と一九八一（昭和五六）年に、二度にわたって伊東大仁線と交差（接続）する海岸通線の拡幅変更の都市計画決定をしています。一九七〇（昭和四五）年は幅員を一六ｍに統一して拡幅変更、一九八一（昭和五六）年は、海岸通線の名称を「宇佐美・伊東・吉田線」（通称バイパス）に変え、幅員を二二ｍに拡幅する決定がされます。この変更決定は一九七五（昭和五〇）年の道路構造令の改正案が背景にあることは確かです。しかしこの時、海岸通線（バイパス）に接続する都市道・伊東大仁線の幅員案は一一ｍのままで変更なしでした。もし、この二度にわたる海岸線通の変更決定をもって、伊東大仁線の拡幅の理由とするならば、この時点で海岸通線と同様に拡幅変更すべきでした。

ここには、明らかに道路行政にとって欠かせない一体性の論理への無理解、怠慢があります。

伊東市は一九五七（昭和三二）年、市街地で九路線による都市計画道路の決定を行ない、これを「原決定」と呼んでいます（九路線の一覧については、本章一二六頁）。この原決定は一方で、九路線が相互に組み合わさり、一体的な機能をもつことで市全体の道路行政を構築しようとする意図が込められているはずです。しかし、二度にわたる海岸通線の変更では、他の道路に関しては何ら変更はありませんでした（なお一九七〇年の変更の際は、海岸通線の他、大樋上耕地線の一一mを一二mに変更）。他方で、各路線は一つの基準で整備するという意味での一体性を確保する必要があります。しかし、本件伊東大仁線は、国道バイパスの変更の時は変更無しだったのにかかわらず、その後、道路構造令を盾にして、一路線、一区間を抜き出し、かたくなに「拡幅ありき」の方針を突き進めます。そこには、繰返しますが、県の杓子定規で柔軟性のない法解釈やメンツ、また県・市の不勉強も重なっています。

都市計画法21条は、「計画変更」に関し、基礎調査等に基づく必要を規定し、道路網についても「一体的、かつ総合的に」定める規定がありますが、県・市はその作業を怠っています。また、もし県が道路構造令にこだわるのなら、同構造令が重視している「平面交差における検討」をしていたのか否かが問われるべきですが、実態は右記で示した通り二度もノーチェックであり、「怠慢、不作為」の誹りを免れません。

迷走する幅員、整備区間

ところで本件未整備の一一〇m区間の住民は、原決定から三〇年たった一九八八（昭和六三）年の最初の住民説明会で、伊東市から幅員二〇m拡幅案を聞かされます。その後、同年一二月に起きた「松原大火」で説明会はいったん中断、再開された一九八九（平成一）年四月の第二回説明会では、幅員二〇m案に加え一六m案の二案が提示されます。ところが第三回目（同年八月）には幅員一一m、一六m、二〇mの三案の説明に変わります。住民はしかし、一貫して一一mを強く要望、一六m、二〇m案には強く反対しました。その後、翌一九九〇（平成二）年で幅員一七m案が提示され、以後この一七m案が続くことになります（詳しくは四章、［参考資料4］）。

なお、道路構造令による四種二級道路の標準幅員は二〇mですが、先述のごとく「別添」により既決定の都市計画道路の場合は「縮小幅員」一六m等も認めています。二〇mだけでなく複数の案が示されたのには、おそらく県と市の協議があり、二〇mの標準幅員が無理であれば、幅員縮小の一六mをベースにするよう、県の指導があったと思われますが、その経過については、この後詳しく説明することにします。

その前に、幅員一六m案と一七m案の違いについてみておきます。一六m案は、片側（歩道三・五＋停車帯一・五＋車道三・〇）×二。一方、一七m案は、片側（歩道三・五＋路肩〇・五＋車道三・〇）×二＋三・〇（右折車線）とされています。一六mと一七mとの違いは、交差点に右折車線を設ける場合との差を極力なくすこと（幅員一定の原則）からと思われます。

県と市は、都計道・伊東大仁線がすでに幅員一一mで九〇％整備されている現実を踏まえれば、二〇m案は困難だとして、道路構造令「別添」に沿って一六m案、一七m案を提示しましたが、これは伊東市が再三にわたり、説明会並びに議会で発言している「補助金」との兼ね合いがあったはずです。住民にはそれが最終的に一七mに固執した最大の原因だと、すぐに分かりました。この「補助金」獲得が「右折車線」を必要とする真の目的であり、交通増大のデータを作成する動機でもありました。

なお、本件整備区間は、一九九五（平成七）年四月の住民説明会段階では、変更区間を未整備の一一〇m区間とするか三六〇mとするかについて結論が出ませんでした。ところが区間三六〇m案の際、交差点以外の部分の幅員を一六mとし、停車帯を一・五m必要と説明した時、ジレンマが生じました。それは幅員一一mで整備済みの住民からの反対意見でした。反対趣旨は、停車帯の一・五mはいらない、他にないのに何故ここだけ設けるのか、という意見があったことと、停車帯をなくすと、一七m拡幅部分との段差が大きくなり、おかしいではないか、かえって危険ではないか、等の批判でした。そうした意見が大きくなり、交通量もそんなに多くないのだから拡幅はしなくてよい、と堂々めぐりの状態に陥り、反対意見がどんどん強くなりました。

市としては一六mを下回ると補助金が消えてしまうし、一七mではとても収拾できず、今は強い反対の声がある区間を切り離すしかないと考え、市議会などの応援を得て、再度県に泣きつき、幅員一七mの区間を三六〇mの半分の一八〇mに短縮してようやく収束した、というのが実際の経過です（以上、詳しくは四章、［参考資料4］）。いずれにしろ幅員拡張＝補助金を確保しつつ、区間短縮の譲歩で収拾を図ろうとしたことは明らかでした。

(2) 「別添」による既決定の都市計画道路の扱い

特例幅員の適用を避けた背後に補助金問題が

前に少し触れましたが、伊東市による一九八九（平成一）年の二回目の説明会の時、幅員二〇m、一六m案とともに一回だけ幅員一一mの案が示されたことがありました。この幅員一一m案は、先に述べたように「別添」により、既決定の場合に可能な縮小幅員一六mとともに、困難と思われる場合、特例的に認められる（既決定）幅員と対応しています。

しかし当時、住民説明会で渡された資料には「別添」の存在は知らされていませんでした。ですからその時、住民は一一m案を希望しましたが無視され、その一一m案はその一回だけに終わり、二度と聞かれなくなってしまいました。気が付いたのは、後日「別添」を入手した後からで、この「別添」の規定は、本件道路に適用され得るのではないか、と考えました。事実、「別添」の規定は、本件未整備区間の実情に合っていますし、当時、県・市が建設省と真剣に協議していれば、既決定の幅員一一mのままでも整備は可能だったはずです。

では伊東市は、一度は一一m案で説明しながら、何故それを二度と口にせず取下げてしまったのでしょうか。県・市が最終的に幅員一七m案で一致した背景には、繰返しますが、間違いなく補助金獲得を優先したいという思惑がありました。県も同様、国の補助率五五％の補助金を楽に獲得するには交渉の難しくなりそうな「別添」の特例幅員を避けたいと考えていたはずです。

少区間改築の特例（道路構造令第38条）について

本件は未整備区間一一〇mのケースであるため、先に述べましたように、道路構造令の一般規定だけによるのではなく、例外規定条項の適用が可能であるかどうか、私たち原告は建設省に対し、本件に関する経緯・内容を記す図面等の資料を添えて質問しました。その結果は、同省都市・地域整備局・都市計画課、並びに道路局・企画課及び路政課の連名による「……を駆使し工夫は可能」との回答でした。

私どもの訴訟だけでなく、今後他の訴訟で小区間の改築をする場合に応用できるのではないかと思い、以下に記録しておきます。

① 本件のようなケースでは、道路構造令38条の「特例」は法文上適用できる。判断基準は交通量が捌けるかどうか、にある。

② 同上一項または二項の具体的適用については、所在（山間部または都市部）や構成要素等により異なる（本件市街地道路については、二項の可能性を示唆）上記判断基準に基づき、道路管理者が行なう。

以上のような回答からも、一一m幅員で二〇一〇（平成二二）年の予測交通量が捌けるか否か、が重要な判断基準となることが明らかになりました。同時に構造令の「解説と運用」によれば、「隣接区間の幅員（一一m）の果たしている効果と同等以上の効果が発揮できることも必要」とされているので、やはり適正な基礎調査に基づく一一m幅員による検討結果が変更の必要性についての判断基準となるはずです。

右折車線と道路構造令の関係

県・市の主張は、本件は四種二級の二車線道路であり、道路構造令により右折車線が必要で、平面交差部等は特に重視すべき項目とされ、「必要に応じ屈折車線を設ける（同令二七－二）……」、「……右折禁止等を除き……設ける（運用本）」ことから右折車線の設置は当然である、というものでした。これは道路構造令の条項の一部や運用本を引用したものです。

しかし県・市のいう「必要に応じ……」の解釈は、「交差点信号計画による検討の結果に応じ……」を意味しており、その結果により判断することとされています。しかし重要なのは、字句ではなく、その内容です。「運用本」でも「交差点の構造設計は、原則としてその道路の設計時間交通量により行わなければならない」として、交差点信号計画の検討に用いる時の交通量の内容まで示しています。単に「必要……」かどうかという抽象的なものではなく、具体的なデータを用いた検討結果によるべきなのです。

その検討はもちろん重要ですが、くわえて住民が実感しているように、常識からもいえることがあります。それは海岸通線バイパスとの交差部で、海からの道路は無いため、当然T字路となります。従って、右折車の障害となる直進車が無いため、右折車線無しでも支障なく、自由に青信号で右折できます。特段の理由が無いのに、どうして右折車線が必要なのでしょうか。

なお、県・市は「平面交差部等は特に重視すべき項目」といいながら、既述の通り、本件において一番重要な旧国道との平面交差部（A交差点、大川橋交差点）における交差点信号計画の検討もしていませんでした。それは、そもそも交通量調査すら行なわなかったためであり、基礎調査を軽視したからに他ならないのです。

右折車線相当の幅員（参考）

建設省の回答にあった通り、構造令等の柔軟な運用や工夫は可能です。「運用本」によれば、左記のごとく既決定の本件道路を含む既存道路における柔軟な交通処理を容認しています。

①付加車線（都市部の右折車線）の幅員は（縮小し）二・五mまで認める（三二三頁）。

②既設道路において、……右折車線相当の幅員として一・五mを確保できる場合は、直進車との境界線を施さずに、単に一・五m以上の膨らみを持たせるとよい（三二四頁、図5－12参照）。

現にA交差点（大川橋交差点）で、②の方式が既に採用されています。

例：幅員一一m＝（歩道二・〇＋車道二・七五）×二＋一・五の膨らみ。

(3) 停車帯、歩道幅員、植樹帯・並木等について

停車帯について

四種（除四級）の道路は「必要に応じ……」とされるが、必須要件ではなく、また、本件路線のうち、どこにも無い停車帯をこの区間だけに設ける合理的必要性は無く、拡幅するために構造令をダシに使っていました。

歩道幅員（当初説明と異なる主張）

伊東市は当初、右記停車帯のほか、構造令により歩道は三・五ｍが必要といっていました。しかし、歩行者の少ないデータを認め撤回しましたが、今度はその内訳を変更し、歩道部二・〇ｍと一・五ｍの「植樹帯」が同構造令で必要（安全性・快適性）とし、合計は同じままと説明しました。

実は、歩行者の数が山側から本件区間の海側に向かうほど多くなるから三・五ｍが必要と主張していましたが、これもデータにより、全く逆の主張であることが判明しました。

係争中、歩道部は二・〇ｍで安全と認めましたが、今度は「植樹帯」一・五ｍ案を撤回し、快適性確保のために「並木」が必要と主張を変えました。しかし一・五ｍは変えず、合計は三・五ｍのまま、（事故の例をあげ）安全のためにも必要としました。

しかし、本件道路における事故件数などは海側より山側の方が多く、特に多いのは中間にある西小学校区間でした。実情を把握せず、事故の少ない区間を拡げるための「無理な理由」をあげたり、必要ない施設の名前をころころ変えながら幅員拡張に固執するばかりでした。行政は「安全・快適」といった一般的・抽象的な主張ではなく、その路線の実態を示す具体的なデータによって計画すべきです。

植樹帯・並木

市は説明会や議会でも「……構造令で一・五ｍの植樹帯が必要」と説明し、「停車帯」同様に道路構造令をダシに使いました。係争後になって一・五ｍの「並木」が必要、と言い換えたわけです。

しかし、四種二級・二車線の本件変更路線の場合、植樹帯はもちろん、並木も道路構造令上の必須施設ではなく、法令上必要との主張は間違いです。

並木と併せ合計三・五ｍの歩道にこだわったのは、補助金を得るため、停車帯も合わせて幅員一六ｍ以上がどうしても必要だったからです。植樹帯も並木も伊東大仁線の他の都計道区間にはなく、路線として一体性を欠くバラバラな計画では秩序ある街づくりとはいえません。景観や快適性を理由に、この区間だけに植樹帯や並木を設ける必要も緊急性も全くありません。

以上、本件道路拡幅がいかに問題をはらんだ決定であるか列挙してきましたが、いずれも幅員一一ｍを一七ｍに強いて変更する合理的な理由とはなっておらず、住民無視の、行政の都合だけを考えた、補助金目当ての口実であったことは明白で、住民の不信は深まりました。

［参考資料2］無理強いする行政と業者等のモラルと責任

民意を無視してまで違法な変更理由を作らせ、強引な決定を事実上推進した責任は、市長とこれを推進した伊東市です。その根底には、多大な補助金の魅力と、柔軟性を欠いた指導を続けた県のメンツがみられます。それゆえ、伊東市をここまで追い込んだ被告・県の責任も大きいといえます。

振り返ってみますと、一〇年を越えるほど時間・費用を労し、多大な迷惑をかけながら、行政は誰一人としてその責任をとらない、また責任を問われないという不思議さが当たり前になっている現実を前にして、この国は本当にまともな社会であろうか、と考えずにはいられません。

上下関係は県・市のような行政間だけでなく、調査の発注者である行政と受注する民間のコンサルタント業者の間にもあります。発注者におもねる受注業者が、唯々諾々と行政の意向に従うことで、自制力の働かない行政の暴走を助長してしまったことを考えると、改革すべき問題は多岐にわたると言わざるを得ません。反省材料を兼ねて、行政・受注業者間の上下関係を起因とする不正な資料作成の記録を整理しておきます。

(1) 不正な資料作成の背景・経緯

その背景

① 県：二度にわたる国道・海岸線通（通称バイパス）の拡幅変更時も整備事業時も、交差する都計道・伊東大仁線の検討を見逃したミス。なお変更案の当初は原則通り、路線全線と標準幅員への拡幅を指示した（怠慢・不作為、調査不足の強引な指示）。

②市：説明会の結果とうてい困難だと交渉した末、区間短縮小幅員一六ｍで県と妥協した。しかし整備済み区間の住民はなお強く反対したため、更に区間の短縮一八〇ｍ、幅員一七ｍで県合意を得た後、強引に変更手続（研究・交渉不足、民意無視）。

③市：バイパス整備時の県の無策に不満。既決定一一ｍ以上の拡幅の困難を承知。県：幅員一一ｍでは補助金なし、県道として受け取らない（不勉強・メンツ）。

④市：財政的に多額の補助金（八五％）が欲しい→県の意向に従う。

必要ない拡幅変更（都市計画コンサルの立場）

右記①－④の通り、怠慢・不作為。不勉強・補助金・民意無視・メンツ等による強引な変更決定は、その無理が暴露され、高裁で違法・取消しとなり、未整備区間一一〇ｍは既決定の幅員一一ｍ、補助金もついて整備進行中となっている。これは、初めから両者が真剣に協議すれば、変更する必要がなかったことを示している。

「拡幅を前提とした資料作り」は、技術論からいえば、本来、本末転倒な要求であるが、計画変更案を受注する都市計画のコンサルタント業者は、いやでも「お得意様」からの注文に沿うよう工夫しなければならない、良心の咎める仕事である。恐らく急ぎの注文だと思われるので、「忙しいから……」という「仮病」を理由に辞退もありえたはずと思うが、それができないところに日本の社会に深く根づいている上下関係の闇を考えざるをえない。

(2) 行政の指示通りに資料作成

人口増大→交通量増大という第一のトリック

交通の増大予測、交通処理ができない（混雑、渋滞等）などを数理的に示す必要があり、通常、人口予測が交通量増大の指標として用いられる。

市街化地域の道路（街路）の交通量は、街路周辺ゾーンの人口と高い相関関係がある（路線の将来交通量の予測↑周辺ゾーンの人口の将来予測数値）。

そこで受託業者は、都計道・伊東大仁線の周辺人口の減少を逆手に、このゾーンには将来人口が増大する（「許容可能人口」が大きい、新興ニュータウン等団地で用いる手法）とし、人口増加ゾーンと位置づけ、交通量増大がとりわけ多く配分される路線とした。

交通量は、既に作成されていた建設省・中部地建の増大予測（平成二二年の予測値、平成二年交通量の一・三倍）を用い、その差を予測増加交通量（三〇％増加を前提）とした。

それでも足りない交通量増大→第二のトリック

第一のトリックで水増しさせた予測交通量ではあったが、交差点で混雑が生じ、交通処理ができないほどの量にはならず、これ以上の交通量が増大できないために次のような第二のトリックを用意した。

バイパス交差点信号計画のカラクリ：歩行者の横断所要時間は、通常「車道幅×一・五秒」と設定する（人の歩く速さを平均一m／秒、老人や子供たちをも考慮）のでバイパスの車道幅員＝一六mでは、一六×一・五＝二四秒が妥当な青信号時間となる。

しかし「未整備区間変更資料」作成業務における青信号は、なんと「一五秒」に設定され、そのことによりピーク時において「交通が混雑する（一・〇六容量オーバー）」という結論を導いた。これが右折車線が必要、幅員一七mとする理由である。しかし、ピーク時の混雑はすぐに解消し、交通処理は可能と分かっていた。

また、通常ありえない資料を作り、無理に右折車線が必要として幅員を一七mとした変更決定だったが、歩行者がバイパスを満足に渡れない信号設定は、合理的根拠とはいえず、瑕疵であり、全く違法という外はない。

［参考資料3］ 関連の行政計画等

(1) 「第二次伊東市総合計画」（一九八五年九月策定）

一九八五（昭和六〇）年九月、基準年を一九九〇（平成二）年とする第二次伊東市総合計画（計画期間：一九八六〜二〇〇〇年の総合計画）及び第四次基本計画（計画期間：一九八六〜一九九〇年）が策定され、海岸通線（国道一三五号、通称バイパス）に接続する二路線（伊東大仁線，伊東駅海岸線）の「早期整備を図る」としたほか、人口推計も記載している。策定時期がバブル経済の時期であったことから、伊東市全体の人口は二〇一〇年で八万五〇〇〇人と増大予測しているが、旧市街地中心地区は、引き続き減少を予測している。

同総合計画は、一五年間にわたる伊東市の都市施設の建設に関する基本構想にあたり、計画期間を三期に分け、より具体化した基本計画を策定することになるが、右二路線の「早期整備を図る」という文言が、当時の助役・部長の強引な指導の下、担当部署の柔軟かつ冷静な思考や判断を妨げ、無謀な方向に走ってしまったように思える。

人口推計の予測では、二〇〇〇（平成一二）年の推計として、旧市街の中心にある都計道・伊東大仁線の沿線地区の人口は減少と予測している。ところが伊東市は、本線路線の拡幅変更の目的のために、その後になってわざわざこの人口推計とは逆に、この区域の人口は増大するという無謀な予測データをつくり、それにより交通量が増大して処理できないため拡幅変更が必要である、というストーリー（(4)「未整備区間変更資料」）の作成に向かう。

(2) 中心市街地地区更新基本計画（一九九〇年三月策定）

一九八八（昭和六三）年一二月、中心市街地での一〇〇mを越す飛び火を伴う大火災が発生（松原大火）。同大火を受け、一九九〇（平成二）年三月に策定。

この計画自体は、基礎調査などに基づく都市計画ではなく、再開発事業の手法を伴う中心市街地の街づくり構想案であり、直接の計画変更の資料ではない。あくまで構想ではあるが、交通量調査などの基礎調査に基づいて都市計画道路の見直しをするという前提を置いている点はまともであって、この前提を無視し、都合の良い部分だけを摘まみ食いした伊東市が誤った引用をしたといえる。

この計画で「松原大火」後の要請により火災からの避難シミュレーションを行なっているが、県・市は、この避難シミュレーションを津波からの「避難路」として拡幅が必要と説明し、本線路線の拡幅変更の根拠・理由の一つにあげている。しかし、この引用は筋違いであるうえ、火災からの避難は幅員四mでも可能であった。

(3)「都市計画道路網計画」（一九九四年三月策定）

目標年次を二〇一〇（平成二二）年とする道路マスタープランで、人口・交通の将来予測等の基礎調査の結果に基づき検討し、道路網の基本計画として策定した、とされている。なお、交通量予測の前提となる人口予測の手法に根本的欠陥があることは既述の通り。

同道路網計画は、本件路線も全線含めた市街地の都市計画道路網全体を対象に一体的総合的に扱い、この計画決定を前提とした上で、整備優先道路網の検討や主要交差点の特性分析等を行なっている。ちなみに、本件路線の整備優先度は九路線のうちの七番目に位置づけられている。

また、「主要交差点の特性分析」では、「主要交差点の……」といいながら、不思議なことに変更部分の中核をなす最も肝心な主要交差点の分析を省いており、このままならば計画自体が正当性のない欠陥プランといえる。

伊東市　旧市街・昭和32年原決定の都市計画道路（九路線）一覧　　作成：著者

路線名	種別	決定年次と幅員				計画決定延長	整備延長
		当初	幅員	最終	決定幅員	全体	改良済
①3・3・3（R135） 吉田伊東宇佐美線 ※	国	S 56.4.14	9〜16m	S 56.4.14	22m	12,050m	4,750m
②3・4・2 伊東駅海岸線	県	S 32.3.30	15〜m	S 50.6.24	18m	230m	30m
③3・5・10 伊東下田線	国	S 32.10.4	―	S 50.7.1	15m	1,829m	990m
④3・6・8 伊東大仁線	県	S 32.3.30	11m	H 20.9.24	11m	1,320m	1,210m
⑤3・5・7 大樋上耕地線	県	S 32.3.30	11m	S 50.6.24	12m	1,270m	1,270m
⑥3・6・13 中央通線	市	S 32.3.30	8m	S 50.7.1	8m	2,590m	2,590m
⑦3・6・14 伊東駅伊東港線	市	S 32.3.30	8m	S 50.7.1	8m	1,390m	440m
⑧3・6・9 西小学校新井線	市 （国）	S 32.3.30	8m	S 50.6.24	8m	1,170m	850m
⑨3・6・15 芹田大原線	市	S 32.3.30	8m	S 50.7.1	8m	1,230m	620m

※①吉田伊東宇佐美線（通称バイパス）は、昭和32年時の名称が「海岸通線」、昭和56年に変更された。

しかも当局は、決定もされていない道路網計画のうちの、一路線、一区間を抜き出して、「早期に整備が必要な道路（本件区間）」の根拠資料としてあげ、利用した。前提であるべき「決定」の後に「整備」事業の施行という手順を逸脱した、我田引水の極みとしかいいようがない引用の仕方である。

なお、昭和三二年「原決定」の都市計画道路（九路線）一覧は上表の通りである。

(4)「未整備区間変更資料」（一九九五年八月作成）

中断していた住民説明会を再開する際の説明ないし説得資料として作られたもの。市自体が策定した「第二次伊東市総合計画」の人口推計（減少）がありながら、資料(3)による実態を無視した手法で行なった人口増大という予測値に基づいて、手の込んだ右折車線の必要性などの拡幅変更の根拠を捏造した。

この資料の作成目的は、「……未整備区間の拡幅変更をすることを目的として……」と、文頭にはっきり示されている。

恐らく伊東市の依頼・指示があり、委託業者のコンサルがこれに応じて作成したと思われるが、これは作為的・計画的な犯罪行為ともいえる不正であり、両者の責任は重大といえる。

(5)「都市計画基本計画」（伊東市マスタープラン。一九九七／平成九年度策定）

一九九二（平成四）年の都市計画法改正により、自治体は都市計画に関する基本計画（都市計画マスタープラン）を策定することになり、その関連で広域道路の将来的方針（南・北アクセス道路など）も示されている。

参考にはなるが、変更決定後のもので直接の証拠にはならない。以下、(6)以降の資料も同様。

(6)「都市計画道路網見直し計画（案）」（予定案）

一九九六（平成八）年に、都市計画道路全体と同時に本件路線の全線をも見直す作業中であり、策定できたら提示すると議会や説明会で度々公言した案。これが本来最初に策定すべき正規の都市計画変更案だと期待されたが、一九九九（平成一一）年度を過ぎてもついに提示されない、幻の見直し案であった。

(7)「都市計画道路網再編計画」

係争中の二〇〇〇（平成一二）年八月、上記「見直し計画」を現在作成中と書面で示し、二〇〇〇年度には完成予定、とされた計画。しかし、同計画案が出せないので、名前を変え、先送りをしたい、出したくないという本音を示したものだが、案の定、予定の二〇〇〇年度だけでなく係争中も出そうともしなかった。

出せない理由は、法令の規定や趣旨に基づいた策定基準による都市計画として、都市計画道路全体や本件路線全線を見直す作業を行なったまともな資料が完成したならば、被告の主張は根本的に否定され、結局裁判に負けてしまうことが予想されたからである。

(8) 環状道路網とその変遷について

直接の計画資料ではないが、伊東市が変更区間を変える際の理由として、たびたび「環状道路網の構築」をあげていた。それらは、

① 一九九〇（平成二）年の担当課長面談の際、都計道・伊東駅伊東港線等で環状道路網を構築して交通の分散を図る、これが効率的だ、と述べていた。

② 前出の資料(2)の中心市街地「地区更新基本計画」では、都計道の伊東駅伊東港線、西小学校新井線、芹田・大原線、及び伊東大仁線と国道一三五号（バイパス）により、T型道路と変形環状道路とによる市街地道路網の構築を提唱。

③ 後日、市は三六〇m案によりバイパス、都計道・伊東大仁線、南口線、伊東駅海岸線の四路線による環状道路を構築して、市街地道路網の整備を図ると主張、区間を三六〇m案とする変更の理由とした（一九九六／平成八年四月）。そして都計道・伊東大仁線と南口線の（松川町）交差点の改良が最低限必要であり、その整備が緊急課題であるとして区間三六〇mを主張した。

④ 次に区間を一八〇m案とする際、四路線による環状道路の構成は破綻したので諦め、（最低限必要、緊急課題

とされていた）松川交差点もどこかに消えてしまい、もう必要ないことにされる（一九九六／平成八年九月）。

⑤ 通過交通・交通分散対策として計画された「南部環状道路」構想は、本件路線の交通量に多少影響（減少）し、構想を前に進めている。

(9) 南・北アクセス道路について

伊豆縦貫道の沼津ジャンクション側の部分的な完成・供用があり、さらに施工中、設計中、調査中の区間があり着々と進行している。北部アクセス道路の県道一九号線は部分的拡幅改良工事が進み、さらに他の区間の計画がある。

県道一二号線は鎌田経由ルートの外、徳永・筏場・松川湖経由の中伊豆バイパスが完成しており、修善寺との往来交通はさほど減っていないが、主には集中交通の発生であり、通過交通は県道一九号線または国道バイパスが大半である。

四章　計画変更手続における違法性

原案作成・住民説明・最終決定段階の検証

はじめに

都市計画道路の（変更）決定は、具体的区域における限定された個々人を対象に建築制限を要求するわけですから、複雑な社会的・経済的、ときには政治的な利害関係が絡まってきます。生身の人間が行なう手続にこうした利害関係がまったく影響しないとは言い切れません。

過去の数多くの事例・経験を経て策定された行政の決定手続の規定は、特に一九九三（平成五）年公布の行政手続法や関連法令の整備と併せ、二〇〇四（平成一六）年の行政事件訴訟法の改正（原告の負担とリスクを軽減するため、国民の権利・利益の実効的な救済手続の法定化）を加えて明確化されてきました。この改正を機に旧都市計画法の残滓ともいえる「却下」判定、広範な行政裁量権の容認、さらに行政の無謬性神話を支える行政事件訴訟法の「事情判決」規定など、行政・司法ともども、不条理・不合理かつ非法治的・非科学的な判断とは決別すべきなのです。しかし、実態はどうでしょうか。行政の決定手続はけっして軽視できない問題を今日なお多く含んでいます。

*

通常、計画（変更）決定手続は、原案の作成、下協議、事前協議のような初期段階の行政内部の手続から、住民に対する説明（周知）、意見聴取（反映）等を経て、市・県での各協議、縦覧・意見書の提出となります。その後、市議会での検討がなされ、当該市の都市計画審議会を経て、県・市同意の確認がされた後、最終的に県・都市計画審議会の議決を終えて、計画（変更）決定の公告・告示となります。

こうした決定手続の全過程の途中でどこかおかしいなと感じたとしても、行政側から説明を受けるだけでは、すぐに違法等を指摘することはできません。しかし手続の進め方や説明の仕方等から、行政の姿勢や誠意・熱意の有無などがおのずと滲み出てくるので、住民はそのおかしさを敏感に感じ取ることになります。

本件訴訟においても、計画変更しようとする整備区間・幅員は幾度となく変更されましたが、住民に納得のいく説明は示されませんでした。計画変更は最終的に区間一八〇m、幅員一七mとなりましたが、その変更案に対する説明も、一回の報告で打ち切られました。もし変更の理由や根拠が何であるかを住民と共有できたのであれば、まだ不信感は少なかったはずです。しかし実態は、例えば住民の意向に関して虚偽の報告があり、また、既成事実化をねらった事前の土地買収を含め情報を隠したまま、ひたすら計画変更を一方的に押し付けるのみでした。これでは行政不信は膨らむ一方で、解決は遠のくばかりです。

その結果に対して行政が選んだ方策は、住民への説明や約束を反故にしつつ、例えば、伊東市の都市計画審議会においては、住民同意に「異存無し」の虚偽答申を行ない、さらに、それを受けた静岡県都市計画審議会においても、事実に反する虚偽回答を続け、審議会委員の判断に誤解を生じさせるなど、およそ行政のとるべき姿勢とは真逆の行為が繰返されました。

本章では、原案作成から住民説明、そして最終決定の段階のどこで、誰が、どのような方法で手続上の違法行為を行なったのか、法律的な観点はもちろん、読者の皆さんが、もし当事者住民の立場であったなら……という視点も考慮しつつ、検証することにします。

1　原案作成段階における手続無視・違反

(1) 県・市間の手続上の不手際

都市計画（変更）決定に至る行政手続

都市計画（変更）決定に至る行政手続は都市計画法第二章の第二節（都市計画の決定及び変更）の15条（都市計画を定める者）から21条（都市計画の変更）に規定され、政令、省令、通達などがそれに続きます。

本件路線は、伊東市にとって全長一三二〇mの都市計画道路のうち一二一〇mはすでに幅員一一mで整備済みの主要幹線道路（県道一二号・伊東修善寺線と重なる。なお未整備区間一一〇mは市道）で、その計画権限は静岡県知事にあります。ただし、ここで留意しておかなければならないことは、原案作成段階における伊東市の位置です。都市計画は「市議会の議決を経て定められた当該市町村の建設に関する基本構想に即した……ものでなければならない」（同法15条の7－3）とあり、「市町村は、当該市町村の建設に関する基本構想並びに都市計画区域の整備……の方針に即し……基本的な方針を定める」（同法18条の2）という規定があります。従って、伊東市に原案の決定権限はないものの、作成された原案が「市の……基本構想」に即しているか、という観点からのチェックが必要となります。

同法18条の2でいう「市町村の建設に関する基本構想」に該当するものは、本件では、三章で紹介した

「第二次伊東市総合計画」（計画期間：一九八六～二〇〇〇年の総合計画）と同計画に基づく第四次基本計画（計画期間：一九八六～一九九〇年）になります。また道路計画に限れば、これも三章前出の「都市計画道路網計画」（一九九四／平成六年三月策定、ただし予測手法には、三章で指摘したとおり根本的欠陥をもつ）があります。

なお、都市計画法第16条の1に公聴会等（含む説明会）に関する規定があります。しかし本件では、変更区間一八〇m案が最終的に確定した「報告会」（伊東市は最終計画案の住民説明を、説明会ではなく「報告会」としていた。一九九六／平成八年九月）が一回だけ開かれただけで、公聴会自体は急きょ中止されてしまいました。これは住民説明段階の明らかな手続無視・違法ですが、その背景・理由に何があったのか、以下に詳しく記すことにします。

県の「手引き」では……

建設省（当時）の通達や静岡県・都市計画課が作成した「都市計画に関する事務の手引き」（以下、「手引き」と記す）を参照しながら、本件での原案作成段階における県・市間の指示・下協議の経緯を検証してみます。結論を先取りしていえば、明らかに県・市間における連絡・協議不足、意思疎通の欠如が透けて見えてきます。

まず、基本的事項の指示として、「通達」では原則「知事が基本的事項を指示し、市……が原案を作成する」とあります。「手引き」には、「市……が作らない時は知事が作成……」や「……指示を受け……市が原案を作成……下協議を行なう」（通達の原則の趣旨）と明記されています。ここでのポイントは、県による「基本的事項の指示」があったのか、無かったのか、それとも市による指示無視なのか、が問題になります。

つぎは「下協議」ですが、「手引き」には、「原案作成協議（下協議）の後に住民説明会を行なう」と明記されています。

以上の手続ルールにより、①県（知事）の「基本的事項の指示」があり、②指示に従って県・市で「原案作成協議（下協議）」を行ない、③市が「原案を作成」し、その後に、④「住民説明会を行なう」ことが正規の手順であることが分かります。では、原案作成段階での県・市間の手続はどうだったでしょうか。

公聴会等を省いた突貫的手続

冒頭で記したように、伊東市は地元住民に対し、最終原案（区間一八〇m、幅員一七m）の報告会を開催しました（一九九六／平成八年九月）。しかし、その「報告会」は、都市計画法16条でいう、原案に対して住民が意見陳述を行なう公聴会という性格のものではありませんでした。実際は、計画（変更）決定を先に進めるためのシナリオに則った最初にして最後の、一方的な「報告会」にすぎず、事実、住民への説明は一回の報告で打ち切られてしまいました。その経過はこの後触れることにしますが、都市計画法で定められた公聴会抜きの一方的な説明の前後において、市と県でどういう手続が進行していたのか、順を追ってたどってみます。

伊東市の公式報告によれば、平成八年一〇月四日に伊東市役所で、原案作成のための下協議が県・熱海土木事務所、都市計画課、企画検査課と市・担当部署によって実施されています（なお、それ以前の記録は示されていない）。その後、市役所において市・担当部署から県・熱海土木事務所、都市計画課、企画検査課に下協議書の原案を提出（同年、一〇月七日）とあります（市の公式報告）。それを受け、以下のような手続が進められています。

平成八・一一・五　「市長から下協議書『伊都第一七一号』を県・都市住宅部長宛」送付。

同、八・一一・五　「県都市住宅部、市街地整備課、道路企画課等から応諾」の回答。これら「四課から同日、全て口頭」でなされたと記録されています。

同、八・一二・二　伊東市から県・熱海土木事務所へ協議書「伊都第一八九号」提出。

同、一二・五　県・熱海土木事務所から伊東市へ応諾「熱土第五五－三号」の回答。

同、一二・二六　伊東市から県知事へ計画変更申請「伊都第二〇八号」提出。

同、一二・二七　県知事から市長へ「意見照会」（都計第三九四－五号）。

このように一二月の仕事納めの二七日までに、県・市間の下協議を踏まえた、①市からの協議書提出↓②県の応諾の回答↓③県知事への計画変更申請の提出↓④市長へ「意見照会」が矢継ぎ早に実行されています。しかし、この手続の中で、問題は二つあります。一つは、このプロセスの中に、住民の意見を反映させるための公聴会の開催（都市計画法第16条）が抜けていることです。公聴会を開催するか否かの判断は県知事の自由裁量ではなく、開催が必要と例示された判断基準「都市計画Q＆A」（伊東市議会答弁）

によるべきものです。本件路線は伊東市にとって根幹的な都市施設であり、本件計画変更決定は伊東市の都市構造に大きな影響を及ぼす道路の変更であることからも、公聴会の開催は欠かすことのできない手続のはずでした。

二つ目は、一一月一日の伊東市議会の特別委員会（JR伊東線複線化・国道等交通対策特別委員会）において、上記の「説明会」で計画変更区間を一八〇mとすることを説明したと報告、その案に対し、「地権者は了承した」と虚偽の答弁を行なっています。市によるこれら一連の行為は、明らかに住民の信頼を著しく損なう背信行為であり、社会通念上の信義則に反するものでした。以下、順を追って、決定変更過程における手続無視・違反の実態について検証することにします。

住民無視の背後に何があったのか

その前に、市はなぜ、そこまでして事を急ぐ必要があったのでしょうか。住民無視の背後に何があったのか、その疑問に応えるには、この最終案に至る手続プロセスを見るだけでは分かりません。その疑問を解くには、過去にさかのぼって住民説明会の経緯を振り返ってみる必要があります。

住民説明会は、本章末の[参考資料4]が示すように、一九八八(昭和六三)年、海岸通線(国道一三五号、通称バイパス）の四車線供用開始に伴い、地元住民から未整備区間一一〇mの整備要請が出たことをきっかけにはじまっており、一九九一／平成三年二月までに合計八回開かれています。説明会当初は、未整備区間一一〇mで、幅員一一m、一六m、二〇mの三案が提示され、その後、群発地震の影響などで説明会はいったん中止、再開された説明会（一九九五／平成七年）で、整備区間が一一〇mから三六〇mに変るなど迷走します。そして最終案として、一九九六（平成八）年に一八〇m区間、幅員一七m案に決まります。そうだとすれば疑問の一つは、この期間にあって上記の県「手引き」にある、①県知事の「基本的事項の指示」から、②原案作成協議（下協議）、③伊東市による原案作成の一連の手続はあったのか無かったのか。それとも県からの指示を受け下協議はあったのだが、市がその記録を隠したのか、ということにあります。

その経緯・変遷についてはこれも本章末の［参考資料4］で詳しく記載しておきましたが、この過程で県知事から「基本的事項の指示」があったとすれば、伊東市がそれを隠していたことになりますし、無視したのであれば、市が勝手に原案を作成し、長期間にわたり住民説明会を続けたことになります。もし県の指示が無いのであれば、県の手続無視・責務放棄であり、市が無視したのであれば、市の手続無視、責務放棄です。

しかし、少なくともこうした県・市間の手続に関し、住民に納得のいく説明はありませんでした。では、なぜ住民の疑問にはっきりとした回答がなかったのか。その背後には県・市間での意見の食い違いがありました。県はもともと、都市計画道路・伊東大仁線（全長一三一〇m）の起点から終点まで一体的に拡幅する意向をもっていました。これは道路網全体を一体的にとらえる論理からすれば、一面で理屈にあっています。しかし現実は、未整備区間一一〇m（市道部分）をのぞき、計画区間の九〇％強が幅員一一mで整備済みですから、あらたに幅員拡張となれば、建築規制を受ける沿線住民が黙っているわけがありません。伊東市はそのことを十分理解していましたから、変更区域を短くしたい、と当然考えていたはずです。そこで、県は全線整備案から後退し、妥協案として三六〇ｍ案となり、さらに一八〇ｍへと区間を短縮していきました。その不手際もさることながら、都市計画道路の決定にあって、一部分だけ決めて、後から残りの部分を決めること自体、計画手続論としては明らかに失格ですし、そうした問題を解決するために用意されているはずの道路構造令の「別添」（三章一一〇頁）も何ら検討された形跡はありません。

いずれにしろ、最終決定となる一九九六（平成八）年九月まで、県・市間の意見調整ができないまま、一九八八（昭和六三）年から八年間（途中、群発地震等の影響で中断）、無為の時間が過ぎたことになります。住民説明会は一九九五（平成七）年に再開されますが、今度は先に記したように、一転して異常なスピードで事態が進行していきます。その理由は、一九九七（平成九）年三月に予定していた県の都市計画審議会に間に合わせ、国の補助金を得るためのスケジュールに乗せるための動きであったことは明らかでした。

(2) 市による無謀な既成事実化

さて、いったん中断していた住民説明会は、一九九五（平成七）年に七月に再開します。しかし、その中断期間に市のお手付きともいえる、用地買収問題が明るみに出ます。また同様の問題（移転用地の購入や用地買収・建物補償の予算化）を、今度は訴訟係争中の一九九八(平成一〇)年にも起こしています。実は、この二つの事前買収は、この後に述べる住民説明段階で市がとった姑息な手続と密接に絡んでいます。そのことを理解してもらうために、以下に、この二つの事前買収の概要を紹介しておきます。

既成事実化を目的とした事前買収①

伊東市は、地元説明会が再開された一九九五（平成七）年七月二七日の前日に、その時点では未決定の一七m拡幅案を前提に、唐突にA家（家族が測量会社の所員）の土地買収・家屋補償等の契約を行ない、とん挫状態にあった拡幅計画の既成事実化を図りました。評価額は三年前の一九九二（平成四）年度契約の鑑定（有効一年）を用いたうえに、路線価の二・三倍（一二m道路に面する基準地価＋α）という超高値で決めていることが後日判明しました。この事前買収は明らかに計画も未決定、住民説明会もこれからという時点での既成事実づくりのための勇み足です。

決定後、係争中の事前買収②

二つ目の買収は、係争中の一九九八年に起きています。伊東市は買収予定であった、計画区域内のY社の計画を進める一方、驚くべきことに移転先となる用地、約二〇〇坪の先行買収を行なっていました。訴訟は最終的に被告である市は敗訴となったわけですから、結果的に市は不要な買収をしたこととなります。現在は駐車場という名の空地となっていますが、約二億円（路線価の約一・五倍といわれる）が公費支出され、課税も減免されました。係争中のこの不要となった買収行為は市民に損害を与える背任行為といえます。

なお、このY社の買収計画は、同社の全面買収・補償の手続段階まで進み、その予算案が議会に上程されました。この時、市長・助役が同社と議会多数派となる四会派のトップで秘密会食をもったことを住民に写真で撮られ、すっぱ抜かれて新聞一面に報道されることになります。そのため市議会で追及された結果、隠されていた内訳明細が明らかになりました。さすがに市議会の特別委員会で予算案は否決されましたが、本会議では多数派工作が功を奏し、思惑通り逆転可決となりました。

こうした流れの中で、さすがに市議会でも不信が強まり、住民の監査請求等もあって、市は顧問弁護士に相談した結果、関連の予算執行を中断します。最初に検討すれば分かりきったことを、大騒ぎの混乱を招いた上に、税金の無駄遣いと時間の浪費が繰返されました。いったいいくつの違法や手続違反を重ねれば……と呆れます。手続違反による不要な土地買収等の強引で恣意的な違法支出は、多額の損害を伊東市に与えた意味で背任行為であり、賠償責任があるといえます。

最後の説明会で推進役を演じる

ともあれ、市がどのような手段を用い、最終決定案の「報告会」で、いかなる手を使って住民説明を行なおうとしたかについてはこの後記することにします。その前に、同じ立場に立たされるであろう人たちへのアドバイスを一つ。行政の強引な手続に対しては、対抗措置として「異議申立て」「情報公開請求」「監査請求」、最後には「行政訴訟」等、あらゆる手段で牽制すること。行政は自発的には方針転換できない組織であることを十分確認しておいてください。

2 住民説明段階での手続の問題点

以上のような問題を行政内部に抱えながら、一九九六（平成八）年九月一九日に、従来の「説明会」から名称を「報告会」に変え、最終案が提示されます。それまでの約二年間は県・市間で協議が重ねられていますが、計画変更区間を未整備の一一〇ｍに限定するか、それとも三六〇ｍにするか、住民の一貫した反対もあって、結論は出ていませんでした。

県・市は、同年の四月にいったん三六〇ｍで合意します。しかし、住民の反対は変わらず、住民説明会は大混乱に陥ります。そこで市は、これは後で知ったことですが、八月二八日（「報告会」のわずか二二日前）に、未整備一一〇ｍ区間を解決するという市の案に最大限近づくよう県に要望するため、議会に協力要請を行なっています。そうした動きを受け九月一九日に、最初で最後となる地元住民への「説明会」が開かれます。そこでの不備・法違反はこの後に詳述しますが、この説明会の後、先に紹介した通り、県・市間で計画変更決定に向け手続が突貫工事のごとく突き進んでいきます。住民の反対が一貫して続くなか、事態が進展しないことにしびれを切らした県が一八〇ｍ案で妥協し、市に対し住民報告を促し、決定を急いでいたことが背景にあったことは明らかでした。以下に、これまで記したことと一部重複しますが、住民説明段階における一連の手続不備、問題点について整理しておきます。

(1) 最終案「報告会」における不備・法違反

対象住民の三分の二が欠席のなか、最初で最後の「報告会」を開く

計画変更区間を一八〇ｍとする最終案の住民説明は、三六〇ｍ区間の住民全員に通知されましたが、実質は区間短縮のための急な開催であり、繰返しますが、一方的に行政が決めた案を「報告する」機会にすぎませんでした。それもわずか一度だけで終わり、しかも地権者は三〇名のうち三分の一の一〇名、区域外住民七名、その他三名で、一八〇ｍ区間のうち、未整備の一一〇ｍ区間を除く整備済の七〇ｍ区間の地権者（一一名）は誰もいませんでした。ということは、市から一方的に提案された一八〇ｍ案について、幅員一一ｍで整備済の七〇ｍ区間の地権者には計画区間が変わったことを知らされていないことになり、事実、まったく知らない人もいました。これが住民説明段階での手続不備、法違反の一点目です。

約束違反、前言否定、虚偽回答など

二点目は、約束違反、前言否定、虚偽回答などです。最初で最後の「報告会」では、未整備の一一〇ｍ短縮案は「県に拒否された」「県の最大限の譲歩が一八〇ｍであり、これ以上は無理と判断した」「整備は県の事業として実施する」ので、「県の責任で公聴会を開催、意見聴聞を行なう」などというものでした。県の責任で公聴会、意見聴聞を実施すると明言されたことから、住民は大きな期待を抱きました。しかし、後になって「県からの指示があった」として、すべて中止になりました。

それ以前の説明会では「幅員一一ｍでは国の補助金がつかず、莫大な資金が必要……市単独ではとても

事業化できない」と繰返していたにもかかわらず、報告会では、一転して「一七m案で市の能力がないとの話は一回もしたことがない」とか、「県の事業になるなら、県の出席を希望……」といった回答をしました。しかし、その発言がいかに白々しいものかは、そのひと月前、すでに県費で測量が外部発注されていたことからも明白でした。説明会で市はその事実を認めつつ、「都市計画道路は県の事業」といい、県からの説明を「県に要望したが来てくれなかった」と釈明しました。しかし後で分かったことですが、県の言い分はまるで逆でした。この件に関しては後ほど触れますが、どちらの言い分が正しいのか、真相は分かりません。しかし、このようにその場しのぎの「嘘」をつき、住民や議会まで騙していた事例があまりにも多すぎます。嘘で固めた「報告会」はそれ自体、違法です。

業者を利用した作為的運営

三点目は、報告会を円滑に進めるために、業者を利用して作為的な運営がされたことです。報告会では、ほとんどの住民が一七m案に反対を述べるなか、例外的に二人から計画推進を促す発言がありました。一人からは、一七mで「仕方ない」「一八〇mの区間短縮で早期整備に賛成、県と交渉を進めてほしい」との発言がありました。その発言の主は、先の事前買収①に関わる、本路線計画のほとんどの測量を請け負った測量会社の役員でした。市はこの「区間短縮」発言をあたかも住民を代表する意見のごとく扱い、利用しました。さすがに反対住民たちから「ヤラセだ、サクラだ」という発言が出ました。「サクラ」だと言われたもう一人は、やはり先に紹介した二つ目の事前買収のY社で、発言は「補償の説明を……」であり、市はその発言に対しても即座に応じ、くわえて「測量を了解してほしい」と発言し、補償の話を長々と続けました。後日、この件は「測量は反対意見がないので了解」とされ、それがさらに市議会では「変更計画案が了解された」に化け、県には「了解を得た」と報告されます。

しかし、実際の当日の会場の雰囲気は、反対の声が圧倒的であり、変更は「なぜ一八〇mなのか？」という疑問、さらに「もっと説明を……」「もっと住民の意見を聞け！」との怒りの声や、「記録が間違っている。県に正確に伝えないと、間違った判断をされてしまう」等々、事を急ごうとする市の姿勢に多くの抗議の声が出ていたのです。

こうした作為的な「疑似説明会」にもかかわらず、説明会ならぬ報告会が一回で打ち切られたことは、繰返しになりますが、翌一九九七（平成九）年三月に予定されている県の都市計画審議会の日程に合わせるための露骨かつ意図的な手続の強行でした。後から全貌を知った住民が「騙された」と怒るのは当然のなりゆきでした。これでは住民の理解や了解が得られたとはとてもいえないはずです。しかし市は「了解を得た」との議事録を作成し、市議会に虚偽報告を行なっています。

なお伊東市は一回限りの「報告会」で、「県の責任で公聴会を開催する」と住民に嘘をつき、その中止を一連の書面で事後通告しました。その際、住民には「意見書提出」（都市計画法17条－2）により対処するとしていましたが、別条の制度で代替することはできず、違法です。

以上、住民説明段階で展開された「変更手続」を振返れば、①まず、再開された「説明会」の直前に、測量会社勤務のＡ家を路線価の二・三倍という法外な高値で事前買収（一九九五／平成七年）、②本路線計画の測量を受注した測量会社役員を使った「賛成、促進」発言、③その友人で、市から全面買収・多額補償の約束を得ていたＹ社の「早期進行、測量了解」発言、④係争中は担当大臣の「事業認可」はないことを知りながら、これを無視してＹ社の移転用地を平気で買収し既成事実化をする等々、扱いやすい利害関係者を手先とした強引な推進策は、都市計画推進の責務者がやってはいけない破廉恥な行為であり、官製談合や買収に等しい反社会的行為であって、明らかに違法というべきです。

最後に、私どもと同じような立場に立たされた人たちへのアドバイスですが、補償や測量の話が出てきた時は要注意です。行政は「補償の話」ができれば「成功」であり、「測量の了解」は「提案の了解・賛成」と読み替えるペテン師だと理解しておく必要があります。そうした場合は、まず「反対」と言っておくことが肝心です。また反対者の中から、利害に絡む「転向者」が狙われることを十分注意し、防止する必要があります。おいしい話で反対意見を内部から切り崩そうと狙うからです。

(2) 日常化する議事録の改ざん：書き変え・修正、部分削除、書き加え等

さて、右記「報告会」だけでなく、一連の説明会における質疑応答に関しては議事録が配布されましたが、内容は行政の都合に合わせ作成されています。私は毎度、出席時の発言内容をメモし、整理しており、そのメモと渡された議事録を照合すると、明らかに改ざんや削除、書き加え等の加工が施された内容です

が、指摘しても訂正されませんでした。

本来であれば、これらは市民の利益や権利を犯す犯罪に当たる行為です。当然のごとく行なわれている議事録の改ざんは厳罰を課すべきものであり、行政は着任時の誓約書に基づき責務を遂行すべきです。

上意下達を前提とした公務員の服務上の制度的欠点は、上位の指示者に責任を負わせるべく、法令に明記すべきではないかと思います。また、人事におびえることなく行政の不正を内部告発する職員の免責や保護を可能とし、無理を強いる違反者に対応できる法整備や制度づくりが必須かつ急務と考えます。

以前から行政の記録類の焼却、破棄、隠匿、改ざんは枚挙にいとまがありません。特に近年はその信頼は地に落ちた感があります。防御策として性能の良い録音機を用意し、証拠を残しておかないと水掛け論で終わり、良い結果は望めません。

説明会で記録の誤りを指摘した上で、録音をよく聞いて訂正を……と求めたところ、「録音はしていない」との回答がありました。押し問答の末「録音をしているのを見た」と言ったことで、行政側は録音の事実をようやく認め、後日証拠として提出されました。また、裁判でも録音テープを請求しましたが、それと比べてみますと、いかに削除や書き換え等が多いか一目瞭然です。議事録の改ざんや虚偽の回答は、行政の責務に反しており、罰則の対象とすべきです。見過せば、今後も続けられることは十分予想されます。規定を作り、公表し、誠実に責務を果たすよう周知の必要があります。

ここで「提案」を一つ。市庁舎ホールの目につくところ、各階のエレベーターホール、各階の対応カウンターの向かい側（目の付きやすい所）の二、三ヶ所などに標語の形で常に意識するように表示して置くことが効果的と思われます。

(3) 公聴会「不開催」の経緯について

公聴会の開催は住民との約束であり、いわば公約です。以下に、最終案の「報告会」に同席した議員の市議会における発言を載せておきます。

議員発言：「市から『県での公聴会が開催される』『(住民説明の)制度があって、伊東市でも行なった』と言われたが、聞いていた我々からしても、公聴会開催を約束したと思った。また、議会でも当然やるものと受け止めていた。やると言っておいて、やらなくて良いのか?」

この発言からも分かるように、誰が聞いても公聴会を開催すると思わせておいて、その一方で、行政内部で黙って推進手続を進め、「縦覧」時(都市計画法17条-1)になってから一方的に「開催しない」ことを通知したのは明らかな「公約違反」です。

裁判において伊東市は「……(公聴会が)あると言ったが、開催するとは言っていない。約束ではない。県の指示で中止した」と証言しました。建築士という職業上、何度も公聴会を経験したことのある私からすれば、その開催は当然のことであり、したがって、事あらためて開催の有無を聞いたのではなく、いつ開催するのかを聞いた時の話ですが、被告である市は、言葉をすり替えたうえで、「開催するとは言っていない」「約束ではない」と言いながら、他方で、なぜわざわざ県の指示を仰いで「中止」したのか、おかしな話であり矛盾しています。

計画変更案が確定した後のことですが、報告会当日に出席していた市会議員が「約束していながら、開催しなかった」と議会で追及した際、市長は「建設省通達」に記載された開催する場合の四つの要件をあげ、「該当しないから……」と回答しました。

しかし、その要件のうち最大のポイントは、四番目のケースつまり「都市構造に大きな影響を及ぼす根幹的な施設を定める場合」にあります。本件都市計画道路の計画変更は、伊東市にとって市街地における「環状道路網の構築等、都市の骨格形成に大きな影響を及ぼす根幹的道路の変更」とされており、このことは後日、市長自身も市議会で「同旨の答弁」をして認めています。伊東市は別途「中心市街地地区更新基本計画」(三章［参考資料3－(2)］)の援用、議会答弁、住民説明会において、また被告の準備書面においても、再三「同旨の主張」や説明をしており、公聴会の開催要件に該当することは周知のことでした。

(4) 説明会の打ち切り

最終の一八〇〇m区間案が提示され一回限りの報告会で、市当局の要領を得ない回答や議事録の間違い、改ざんが県の誤解を招き、間違った判断がされることを危惧した住民から、あらたに説明会を開き、そこに県も出席して住民の意見を直に聞いてもらいたいとの要望が出ました。

市当局は「県にそれを伝える。市もそう望んでいる」と約束しましたが、結局、その約束は反故にされました。市は「県に伝えたが、連絡がこなかった」と県に責任を押しつけ、市は悪くないとの言い分でした。しかし、後日県の話では「県は出席・説明を了解して、市に連絡したが（その後）市からの連絡がなかった」と述べ、県は悪くないとして、責任をなすり付け合っています。

市は裁判において「県の出席と説明……」の発言は認めましたが、「それはこの（変更案の）説明会のことではなく、事業説明会のことだ」と人を食ったような的外れの発言で、下手な責任逃れの主張をしました。「橋は渡ったが、端《はし》は渡らなかった」という話はトンチなら笑えますが、裁判でするような主張ではなく、経緯からみて、明らかに失笑ものです。

以上、最初にして最後の「報告会」で提示された最終案は、先のヤラセ発言を利用した一方的な「補償」の説明、「住民は了解した」との記録改ざんとそれに基づく独断的解釈、さらに公聴会の約束不履行等々を残したまま、住民への説明は打ち切られました。

3　最終決定段階における手続違反

最後は、最終決定段階における手続違反の問題です。市議会での虚偽報告・答弁にはじまり、その後、伊東市の都市計画審議会に続き、最後は静岡県の都市計画審議会へと引き継がれ、計画変更手続が終了します。ここでも順を追ってその経緯をたどることにします。

(1) 市議会での市の虚偽報告・答弁

特別委員会での市の対応

一九九六(平成八)年九月一九日に最終案の「報告会」を追うようにして、同年一〇月四日に県・市の下協議がはじまり、一一月一日に、伊東市議会の特別委員会(JR伊東線複線化・国道等交通対策特別委員会)が開かれ、この市議会・特別委員会において、本件路線等の都市計画道路変更問題も議論されています(本書末「年表」参照)。このように並べてみますと、短期間での日程の連続性が際立っています。

私は、同特別委員会の委員で、この後述べる市の都市計画審議会委員でもある地元選出の二人の議員に相談、助力をお願いしました。私が得た情報、資料等は、これら議員に負うところが多々あります。

本書末の「年表」を見れば、一九九六(平成八)年の年末一二月二六日に伊東市から県知事に計画変更の申請が提出され、年明けの一月一四日に市長は、伊東市都市計画審議会に開催の諮問を行なっています。その二日後に、伊東市都市計画審議会は開催され、市長に対し答申がされますが、ここでも混乱が起きています。経過についてはこの後に紹介しますが、市の都市計画審議会での混乱の原因は、先の報告会で「住民の了解を得た」との記録改ざん、隠蔽を前提に事が進められていたことと深く関係しています。

市の都市計画審議会を踏まえ開かれた市議会・特別委員会において、伊東市は議員の質問に対し「(住民説明において)……いろいろ問題が出てくると予想していた」と答弁、その次の特別委で「……問題が出ると予測して(説明会を)やるのは……乱暴だ。……」と批判されています。

しかし、いずれにしろ、先の議員から得た情報で私が問題だと思ったのは、やはり市が議員に対し十分な資料や情報を渡さず、いわば蚊帳の外におき報告・答弁したこと、特に住民対応に関しては、「概ね了承を得た」とか「反対は僅かで、補償が主な問題」など、事実を隠し続けていたことです。

そのためもあり、議員たちは住民の意見の把握・理解が十分にできておらず、市の説明を疑わなかった、との印象を強くもちました。

市議会・本会議

市議会は、本件訴訟と直接の関わりは強くはありません。しかし、伊東市における道路政策にとって上位計画となる「基本構想」や「基本計画」の策定に影響をもっていますし、市の予算全体のチェック等の権限をもつため、市の対応は表面上では丁重です。特に予算案の審議には気をつかい、いわゆる「根回し」や「事前工作」が行なわれます。

本件においては、先述の「Y社案件」について、予算案審議の際の根回しや事前工作が「飲食を伴う多数派工作」の形で行なわれました。その秘密会食が暴かれ新聞で報道された結果、特別委員会では関連予算が否決されましたが、多数派工作の成果があったのでしょう、先述のように本会議では逆転、予算案は可決されてしまいました。

伊東市は、市民に対する説明はもちろんですが、議会に対しても「改ざんデータ」を作ることを続けています。「A家買収等」の予算審議の際にあっても、実施してもいない「事業説明会を開催した」などという「虚偽答弁」を行なっていますし、住民説明会に関する議会報告でも、例えば一九九六（平成八）年一一月の中間報告では「地権者の了承を得た」「地元説明会で了承された」などと答弁し、翌年一月号の「市議会だより」でも同趣旨のことを堂々と記載しました。まさに黒を平気で白という鉄面皮ぶりです。これが日常的に行なわれていたのかと驚くばかりであり、恐ろしいことです。

(2) 市・都市計画審議会――議事進行、意見書の扱いの問題

さて、次の手続は伊東市の都市計画審議会ですが、この段階にも問題は大ありでした。都市計画法の規定では、計画決定手続として、都道府県は「市……の意見を聞き……都道府県の計画審議会を経て……決定する……（法18条）」とあります。法律上「意見を聞くこと」と「同意」とは異なり、同意の回答がない場合も決定は法律上可能、とされていますが、「原案作成者（市）の意見は極めて重要な手続であり、その意見は十分尊重すべきもの」とされています。

伊東市の市長は、一九九七(平成九)年一月一四日、計画変更案について伊東市都市計画審議会に諮問し、それを受け同都市計画審議会は一月一六日に開催、その審議結果を市長に対し答申しています。以下、その経過をまとめてみます。

市・都市計画審議会その①——「原案通り、異存無し」と答申

会長の選出：従来は市議会議員から会長を選出していましたが、今回は事務局（市建設部長）の発議により議員を外し、民間より正副会長を選出しました。あえて議員選出の委員を外した理由は「議員には委員の立場から自由に発言してもらうため」との理由をあげました。会長には市からの受注が多い土木会社の会長が、副会長には建築設計会社の代表が就任しました。しかし、その例外的選任の「理由」と異なり、特に会長は議事を誘導する発言を多々行なっています。

報告内容：市当局は「地権者は了承」と報告。これに対し、前出の「報告会」に出席していた委員（市議会議員）から疑問が出ましたが、市当局は繰返し「了承」「反対者は二人だけ……」「解決できる」旨を強調したことで、最終的に「それならよいだろう」となったのは、虚偽の回答による誘導でした（出席議員の陳述書）。

なお、この虚偽回答の根拠は「意向調査の結果」とされています。しかし事実は、群発地震などで中断していた住民説明会が再開した際の説明会（一九九五／平成七年一一月）で、この調査結果（賛成八〇％、反対一九％）を用いて住民に説明、出席した住民から強く抗議されて間違いを認めたいわくつきのものであり、当然破棄すべきなのですが、伊東市はそれを再び審議会で用いたことになります。破棄されたはずのこの「意向調査の結果」は、生き返って、住民のいないところで何度も使われたことが、後日の裁判資料から分かりました。行政がこのような恐ろしい手法を多用することが許されてよいでしょうか。

さて伊東市の都市計画審議会の結果は、会長より伊東市長に「原案どおり……異存無し」として答申さ

れました。この答申を受け、県知事の「意見照会」に対し、伊東市長から「異存無し」の回答がされました。これら市と県の書面手続は「地権者の了承」を得たという全くの「虚偽答弁」や「虚偽報告」に基づいたものですから、根拠の無い手続であり、実質は無効というべきです。

変更案の縦覧

市は、都市計画審議会の答申のあった翌日（一月一七日）に「縦覧の通知」（都市計画法17条）と同時に「お願い文（公聴会中止の通知）」を送付します。なお「縦覧」は、三六〇m区間八五名の地権者に通知、三四世帯が縦覧しました。「お願い文」には、公聴会中止（その理由は県の指示とする）は「意見書の提出（都市計画法17条-2）で代替する」とありました。そこで私は、地権者で知っている人全員に働きかけて、三〇通の意見書を出しています。ところが市は住民からの問合わせに対し、「忙しければ報告（会）に出なくて結構……」と答えています。

なお、同年二月一日付の「市議会だより」に「地権者の了承を得た」との虚偽の情報が掲載されました。しかし、さすがに「市議会だより」や縦覧の通知（手続の最終段階）に驚いた地権者達の「了承していない」との抗議の声に対し、市は都市計画審議会に「了承したものと判断した」との回答をしています。「意見書の提出」は三〇件、うち地権者は二五名と報告されました。多数の「意見書」の提出にくわえ、強い反対意見の多さに驚き、議論が沸騰、このままではまずいということで、都市計画審議会はあわてて再度開催することを決めます。

市・都市計画審議会その②——再度開催の目的は……

二度目の市・都市計画審議会は、一九九七（平成九）二月一七日に開かれましたが、会長（土木会社会長）は、二回目の開催目的を「あくまで意見書の報告（会）に限定」し、諮問事項は「すでに前回（一回目）で了承答申済みですから……」（再答申はしない）と限定する発言をしました。

市も質疑のなかで同趣旨の発言を行ない、「本当の反対は一、二名、他は概ね了承」と答弁しました。審議会の委員からの疑義に対しては「誠意ある補償で対応する……」等々、前回同様の説明が繰返されました。

一人の委員から「説明不足だ。最低もう一度の説明が必要だ」との発言があり、「当日（最後の報告会）中途半端で終わったが、今後も説明会か公聴会があるものと（私も）思っていた」（当委員の陳述書）等を含め、多くの疑問が出ましたが、会長が開催目的を限定し、「既に報告……答申済み」としたため、再審議はされないまま終了しました。

事実は再答申、再回答

都市計画審議会での「既に答申済み」といった会長の言動とは裏腹に、会長は同日の二月一七日、市長に宛て二回目の同意「異存無し」の再答申をしました。この再答申により県知事の「意見照会」に対し、すぐに同日、市長から「異存無し」の回答（伊都第241号）が出されました。

つまり二月一七日には、二回目の都市計画審議会において、多数の住民からの意見書（非公開）の「報告」がなされ、→答申済みといっていた会長が二回目の答申（伊都第240号）を作成→市長に渡し→市長はこれを受けて二回目の回答（伊都第241号）を作成→県知事からの照会に対して二回目の回答を送付したことになります。いずれにしろ、二回目の審議会では疑義が出され紛糾もありましたが、これらを含め会長・副会長のなみなみならぬ活躍もあり、すべての手続が一日で手際よく進められたことになります。

(3) 決定権者（静岡県知事）の責務

都市計画法第3条は、行政と住民の各々の責務について規定していますが、行政に対しては「住民の……協力や……努力」の前に、「都市整備……その他都市計画の適切な遂行に努めなければならない」との規定をおき、行政は重要な職務を自覚して、その適切な遂行をするよう義務付けています。では、静岡県の対応はどうだったのでしょうか、順次、追ってみます。

行政の対応

①県・熱海土木事務所は原告の建築許可申請に対し「取下げ」を要求。

静岡県・熱海土木事務所の都市計画課長等の職員は、建築許可申請をした原告らに対し、いったん出した建築不許可処分をなくすために、許可申請そのものを取下げるよう、わざわざ自宅まで訪ねて来ました。

原告らが「それはできません」と断ると、声を荒げて、「一部のエゴで街の発展を妨げると、大勢の市民から非難される。それでもいいのか」と脅迫めいた言辞を繰返し、「どうせ裁判になっても、すぐに却下される」と述べました。

そうした発言に対し、原告らは「事実を説明し、ここに石碑を建てて皆さんに知って貰う」と、ひるまずに抵抗しました。行政が高圧的な姿勢で、本来間違いである「却下」判例を振りかざす姿勢は、県だけでなく伊東市でも多々見受けられました。

②静岡県（本庁）の都市計画担当の対応

私たち住民は、伊東市の記録等に不信を持ちはじめ、これでは県が判断を誤る恐れがあると懸念していましたので、思い切って県の都市計画担当者に電話して、住民の意向などの主な事実等を伝え、県の対応を相談しました。しかし県の対応は、建築不許可処分の取消しは無理だとしても、およそ人に対する応対とは思えない、ひど過ぎるものでした。

私の電話に対し、事実上の対応拒否を続けた都市行政係の県職員は忙しそうに「ちょっと待ってくれ……」と受話器を置き、一度目は五、六分くらいでしたが、二度目は二〇分から二五分程待たせたまま放置し続けたため、さすがに私も腹が立ったものの、諦めて電話を切らざるをえませんでした。

次に電話をかけたときは、出るまで暫く待たされた上、頭から否定的な意見であったので、私もついに「それなら提訴する」と言うと、せせら笑うように「どうぞ、やればいい。どうせすぐに却下される。無駄だ」と述べました。

対応の不真面目さと挑発的な発言から、私は原告となる決意を固めました。そうした対応を含め、彼はいろんな面で、特に公務員に不適切な人物だと感じました。それまで私が抱いていた公務員に対するイメージとあまりにもかけ離れた対応だったからです。

静岡県・都市計画地方審議会での議事進行・意見書の扱い

静岡県の都市計画地方審議会は、平成九年三月一七日に開かれましたが、この審議会において、委員の判断を誤らせる幾つもの報告や説明がなされており、結果、適正な審議が行なわれなかったことを記しておきます。

・まず都市計画の決定について：「……知事は、市……の意見を聞き、かつ都市計画地方審議会の審議を経て、都市計画を決定……（都市計画法18条－1）」と規定され、……付議しようとするときは「……（住民の）意見書の要旨を……提出……（同法18条－2）」と定められています。これは手続上必須の規定であり、厳正に行なう必要があります。

・県事務局からは、意見書三六件、提出者三〇名と報告されました。これは間違っており、かつ必要な本件一八〇m区間の地権者数が三一名であることは報告されませんでした（後で委員から質問）。

意見書については、通常に比べ異例に多くの意見書が提出された、と話題になりました。県事務局は忙しい委員たちに、他の審議案件二五件の資料と共に、通常の「要旨」ではなく、多数の意見書の全文を渡しました。後から審議のやり取りを読み解くと、これは親切心からではなく、逆に敢えて短い時間では読み切れないほどの数と内容が（意図的に）配布されたことを示しています。二五案件の資料を真面目に読み込んだ委員は、質疑の内容からみて僅かだということが分かります。分厚い資料は、委員によっては煩雑なもの、実はこれが狙いだったのでしょう。

伊東市の報告（助役、担当課長）：主に「意見書」や地権者の意向について。概要は、「強い反対は数名、多くは移転等による生活不安であり、補償での対応が可能である」と市議会同様の虚偽報告をしました。一方、県側の説明・回答等は、県の役職者が行ないましたが、委員の質問（地権者数や割合）などに対する回答は全く事実と相違しています。しかし伊東市は県の間違った説明・回答を訂正しようともしませんでした。

質問は多くの意見書数と地権者数との関連であったのに対し、「……地権者は一五名。残りは裏に住む住民……」と回答しました。しかし、正しくは地権者は三一名であり、うち二五名が意見書を提出した地権者本人で、地権者以外は数名にすぎませんでした。にもかかわらず「意見書の大半が地権者以外の住民から出されている」との、意図的な回答がなされています。正しい内容を知っているはずの伊東市は、誤りを訂正もせず、結果、これを肯定したことになります。

おまけに、不信に思った委員が、再度「地権者以外の意見書が多いということか」と聞き直したことには、正面からの回答をせず、正確な答えを避けました。このことは県も市も、恣意的な数値を回答したと認識していた疑いが濃い、といわざるをえないことを示しています。しかし現実はこうした問題をはらみつつ、平成九年三月二五日、県知事の権限に基づき、都市計画道路・伊東大仁線の計画変更決定（区間一八〇ｍ、幅員一七ｍ）の手続はすべて終わりました。

「虚偽回答」の原因が、市の報告自体にあったのか、それとも県側の間違いによるのかはさておき、その間違いが委員の誤った判断を招く結果となったことは疑うべくもなく、事実に反する虚偽回答の違法性はもちろんのこと、「錯誤の結果」による審議は無効というべきであります。

＊

さて以上が、原案作成から住民説明、最終決定段階にいたる計画変更手続の全過程です。その検証から分かるように、行政の住民無視の姿勢は明らかであり、その一連の対応に怒った住民たちは行政不服審査請求を経て、関係住民一四名で、都市計画道路変更決定取消訴訟に踏み切ることを決断します（一九九七／平成九年九月二三日）。

第一審の静岡地裁では、被告である行政の主張を追認する形で、私たちの訴えは「棄却」されました。しかし、第二審の東京高裁では、原告の訴えが認められ、逆転勝訴となり、その後の最高裁でも行政の主張は棄却され、私どもの勝利が確定します（二〇〇八／平成二〇年三月一一日）。

私たちの身に起きた都市計画道路・伊東大仁線の拡幅問題は、地裁・高裁でのほぼ一〇年にわたる長期間の審理と、かつ裁判提訴後も被告側（静岡県・伊東市）が整備事業を推し進めるなど、常識ではありえないような込み入った経過をたどった複雑な事件であり、多くの解明すべき問題を抱えています。解明すべき問題とは、端的にいえば日本の行政・司法から「道義」や「職責」に対する真摯な姿勢が失われていることの危機感です。

本書は、「序」でも書きましたが、私どもの裁判で経験した司法の硬直した判例主義の実態、そこに関わる行政と司法のもたれ合いの構造、並びに「行政裁量権」を広範に認める判例の問題、さらには行政と議会の関係、都市計画審議会の内実、行政に利用される業界の姿等々、私のメモを元にその実像を丹念に記録した内容で構成されています。私自身をそうした作業に駆り立てた根っこには、日本の行政・司法のもたれ合い構造に対する危機感があったことは間違いありません。本書を閉じるにあたって、再度そのことを強調しておきます。

［参考資料4］住民説明会の経過と変更決定の変遷記録

以下にまとめた「記録」は、伊東市の住民説明会における配布資料に対する私のメモを基本に整理したものです。住民説明会が開かれた度ごとに後日、市から「説明会記録」と称したものが用意されましたが、その「記録」の内容は、①説明してなかったものが加えられていること。さらに、②表現を微妙に変えていること（例：実施するはずの約束を「ある」と言い換える）。③表現は同じだが、違うことを言っていたなどと、はぐらかす等々、住民の受け止め、認識と異なる内容が記されるなどしていました。また行政側は「録音はとっていない」と拒否していましたが、係争中にようやく提出されたものを、私ども住民のメモと照合しました。

すでに一〜四章で記してきたことと重複する部分はありますが、裁判の結末を暗示・予告するような前段事件が頻繁にあったこと、またその手口をもお伝えするため、参考資料として、当初からの経緯をまとめておくことにします。

＊

都市計画道路の決定・変更問題や長期の未整備問題に関しては、全国でも同種の問題を抱えている住民の皆さんが多いのではないかと推察します。本書で記したごとく、都市計画道路の変更決定過程の全体の流れを整理することで、決定までに時間を要したり整備事業が進まないことの原因や背景にどのような問題があるか、全国で同じような立場にある人たちと共通するものが見えてくるかもしれません。そこで、必要な予備知識やその場では気がつかない対抗策、事前の心構えなどのヒントになればという思いもあり、軽微かも知れない問題も含め、住民説明会の経過から訴訟を決断するまでの記録をまとめておきました。

1　「原決定」及び変更案の説明会

(1)「原決定」及び整備状況など（一九五〇／昭和二五年～一九八七／昭和六二年七月）

原決定までの状況

一九五七（昭和三二）年、伊東市の旧市街地と呼ばれる中心街に九路線（三章一二六頁表）による都市計画道路網が決定されました。この決定を現在「原決定」と呼んでいますが、実は九路線のうち多くの路線はすでに現状に近い程度に整備され、手つかずなのは海岸通線（国道一三五号、通称バイパス）と大樋上耕地線（県道）という状況でした。

それは一九五〇（昭和二五）年に、日本国憲法95条に基づく住民投票による同意を得て成立した「伊東国際観光温泉文化都市建設法」により、一九五一、一九五三の両年、街路計画の決定と補助金を得た整備事業が積極的に推進され、すでに前身にあたる二つの計画街路の整備が進行していたこと、さらに一九五五（昭和三〇）年に二度目の合併により現伊東市が誕生した際、都市づくりの三大目標に「道路の整備」を筆頭にあげて整備事業を継続・推進していた事情が背景にありました。

こうした中、市街地の道路網の総合的・一体的な整備の必要性を背景として、海岸通線の幅員を基本一六mにし、大樋上耕地線を一二mとすることを含め、既存の二つの街路計画を一九五七（昭和三二）年に一本化し再決定したのが、いわゆる「原決定」と呼ばれ、そのうちの一路線が今回変更の対象となった伊東大仁線です。

この原決定は旧都市計画法に基づくものであり、市民に周知された事実は無かったと聞いています。なお同年、都市計画道路の裁判で、最高裁による「却下」判決が旧都市計画法の下に出されています。なお、現行の都市計画法が施行されたのが一九六九（昭和四四）年で、この時点で旧法は廃止され（一章「新・旧対比表」）ますが、新・都市計画法の成立を機に、翌一九七〇（昭和四五）年に道路法に基づく政令・道路構造令が施行されます。

この時点で、本件伊東大仁線の九割以上はすでに整備済みであり、未整備なのは原告らの居住する幅員一・五m～四mの一一〇m区間のみ（この区間は市道）であり、海岸通線（国道一三五号、後のバイパス）もまだ幅員四m程度の砂利道でした。

原決定後の変更計画（その1）

一九七五（昭和五〇）年、県知事によって第一次の原決定の変更が行なわれます。内容は国道海岸通線のまちまちであった幅員を一六mに統一する拡幅変更と県道「大樋上耕地線」の幅員一一mを一二mに拡幅変更するものでした。これは一九七〇年の道路構造令の施行などが背景にありますが、実際はすでに先行して一二mで整備済みであり、後付けの変更でした。なお、変更されたのはこの二路線だけであり、既決定で一部整備の他の七路線は幅員等の変更はありませんでした。

すでに一部であっても整備が進んでいた路線については、道路構造令改正（一九七五／昭和五〇年）に伴う通達の「別添」（三章一一〇頁）により、交通処理上の支障のない既決定の計画は容認・踏襲する趣旨と合致し、道路構造令が重視した平面交差における検討はすでに済んでいることになります。つまり本件一一〇mの未整備区間（市道部分）は、都計道・伊東大仁線と重複する県道伊東修善寺線を海岸通線に接続するための計画ですから、本来なら道路構造令が重視している海岸通線と平面交差する本件伊東大仁線を同時に検討し、「必要あれば（拡幅）変更すべき（都市計画法21条-1）」はずのものが変更されなかったということは、通達（「別添」）等により幅員一一mのままでも交通処理が可能であり、拡幅の必要が無かった、ということを意味しています。事実、本路線はこの時の変更路線の中に入っていません。

裁判において、被告・県は「原決定の変更は名称だけである（軽微な変更）」と主張しましたが、右の通り、二路線の幅員拡幅を行なっており、その主張は間違いであると同時に、道路構造令・通達による「平面交差の重視」つまり本件路線との交差点計画の検討を怠っていたことを認めたことになり、そのことが整備の遅れと問題の混乱を大きくした原因ともいえます。

原決定後の変更計画（その2）

一九八一（昭和五六）年、同じく県知事によって第二次の変更決定がなされ、内容は国道海岸通線の名称を「吉田・伊東・宇佐美線」（通称バイパス）に改め、幅員を二二mに拡幅、名称・幅員ともに変更決定がされました。この変更決定は、右に述べた道路構造令の改正が背景にあると思われ、改正の予告と同時に通達及び既決定の都計道の（特例的）扱いなどに十分な配慮・注意を求める内容の「別添」が示されました。

この時、海岸通線（バイパス）に平面交差する本件路線はどう扱われたかが、後日市議会で問題になりました。しかし被告・県は事業化とは無関係なのに「……事業化の予定が立たず平面の交差点計画はしていない」と釈明し、「平面交差の重視」を定める構造令（27条）の規定を無視したことを認めました。

県の落ち度であったにせよ、本件路線が変更されなかった事実は残り、結果として道路構造令上は、変更の必要はなく一一mの幅員のままでよいと解釈されたことを意味しています。

なお一九八二（昭和五七）年に道路構造令が改正され、歩道が幅員一・五mから二・〇mなどになり、翌一九八三年には同構造令の「解釈と運用」本が示され、できるだけ「昭和五〇年通達の基準案＝標準幅員を考慮して計画するよう……」と記載されています。

バイパス整備と住民の要望

バイパス（国道一三五号）の整備がはじまり、一九八四（昭和五九）年三月、まず二車線の供用が開始されました。これを見た住民から、都計道・伊東大仁線の未整備区間の同時整備の要請が市に出され、その記録が後日市会議員により示され、住民からの要望が無視されていた事実が残っています。

この事実が係争中に明らかになり、議会で追及された時の伊東市の答弁は、「本来、未整備区間はバイパスと同時に整備すべき道路だった。県の配慮・計画が無かった（ためである）」と責任転嫁に終始し、自らの反省はありませんでした。県が動く気配がなかったとしても、住民の声はあったわけですし、市自体も早期整備が必要な道路と認識していた（策定中の伊東市総合計画など）はずですから、県に催促してでも整備を急ぐべき事案でしたが、伊東市はそれを怠っていたのです。

一九八五（昭和六〇）年、第二次伊東市総合計画（三章［参考資料3］-(1)）が策定されました。この基本計画は本件変更の上位計画にあたり、国道バイパスと接続している整備の遅れている二路線（本件路線と伊東駅海岸線）の早期整備を図る、としています。

一九八七（昭和六二）年七月には国道バイパスの整備工事が完了して四車線で開通しましたが、相変わらず、本件未整備区間は放置されたまま三〇年が過ぎてしまいました。

なお、この年に最高裁・第三小法廷における都市計画道路裁判において、「却下」を是認する判断が繰返されました。相変わらず、旧法の残像を引きずったおかしな判決でした。

(2)（第一次）住民説明会の開催

幅員変更（拡幅）と住民の事情

伊東市は、地元役員を対象とした初めての住民説明会を含め、九年間にわたり区間一一〇mの変更にこだわり続けました。それは県との下協議における指示を無視してでも、そうせざるを得ない困難な現状を知っていたからだと思われます。

　どこの街でも共通する問題でしょうが、「長い時間を経て生まれた愛着や人間関係、生活の基盤（ノレンや得意先）等が破壊されるのではないか」という不安など、地元住民が抱える難しい内情までは行政にはなかなか理解されません。また、対応の仕方によっては行政不信を招くなど、信頼関係が損なわれるが事態が生じる恐れもあります。伊東市が整備区間を一一〇ｍに限定したい思惑の背景にはそうした事情があったと思います。住民にとって「引越し」等はそう簡単にできる問題ではないのです。

未整備区間の住民に対する説明

・第一回住民説明会：一九八八（昭和六三）年九月六日、地権者一九名。
伊東市は、一九八八（昭和六三）年七月から一九九一（平成三）年二月まで、地元の区長など地区役員を対象とした説明会を含め、四年間にわたり計七回、住民説明会を開いています。なお一九八八年九月に未整備一一〇ｍ区間の住民を対象に、幅員を二〇ｍに拡幅する案の説明会を開いています。これが国道バイパス整備後の第一回の住民説明会になります。

　原決定から三〇年間待たされていた住民は、バイパスへの接続を遅いと考えていたので、さらなる拡幅に驚きながら、幅員はともかくとして、地形測量（一万六〇〇〇㎡）の要請は了承しました。なお、同年一二月におきた「松原大火」のため、次回は、延期となりました。
・第二回説明会：一九八九（平成一）年四月二日、地権者一六名。
　第二回説明会では、幅員を一六ｍに拡幅する案と二〇ｍにする二案が提示されました。幅員二〇ｍ案は「道路構造令」一九七五年通達の標準幅員、同一六ｍは同通達「別添」の縮小幅員で、二〇ｍへの地元住民の不満に考慮した案でしたが、住民は納得しませんでした（なお用地測量七三八〇㎡の報告もあり）。

・第三回説明会：同年八月一日、地権者一六名。

第三回では、一転して幅員一一、一六、二〇mの三案の説明があり、住民は当然一一m案を要望、一六、二〇m案に強く反対しました。なお、測量は了承しました。

幅員一一m案については、通達による「（本件のような）既決定の都計道に関する特例措置」の項を適用した（伊東市は通達や同「別添」の内容を把握していた）と思われますが、「別添」の説明はされず、その後の案からは姿を消しました（県の拒否があったものと思われます）。

・第四回説明会：一九九〇（平成二）年三月二九日、地権者一五名。

第四回では、はじめて幅員一七m案が提示され、以後この一七m案が続きます。第三回から半年ほど説明会が空いたのは、恐らく県との協議が難航し、拒否されたうえ、二〇mの標準幅員案が無理ならば縮小幅員の一六mをベースにするよう、県に指導されたためと思われます。

・第五回説明会：同年五月三一日、地権者他二二名。

この説明会ではじめて図面が提示されましたが、その数日後、後に問題となったY社から、自費による解体・再建築の相談が原告にありました。当時はまだ市の抱きこみ工作はありませんでした。

・第六回説明会：同年八月二四日、地権者他一五名。

ここでは主に整備手法の説明がされました。なお、この年本件路線の隣接地から商工会議所が移転しました。

・第七回説明会：一九九一（平成三）年二月二六日、地権者他一七名。

ここでは、同じく幅員一七m案が説明され、三棟の建物調査が行なわれました。

なおその後、手石島沖の海底火山の爆発や群発地震が続き、以後一九九五（平成七）年七月まで説明会は中断します。

中断時の伊東市の主張と住民の認識

住民説明会の中断から再開するまでの約四年半の間（平成三年二月末から再開する同七年七月まで）、伊東市は中断の理由は個別交渉を行なっていたからと言い訳がましく主張し、住民からの意見聴取を主体に努力をしていた、と裁判中に報告をしました。

その内容は、地権者一九名のうち売却希望が一名（すでに売却済みのA家?）、隣地を代替地にするなら、という条件付了承が二名（夫婦）、反対五〜八名、保留・不明三名前後というものでした。

しかし詳細は、道端での会話や電話での挨拶・簡単な会話をも意見聴取の人数に加算するなど、水増し報告の域を出ないものでした。そのため住民には「交渉」に臨んだという認識はなく、特に後半の二年間は全くの没交渉であったことは、市の報告からも明らかです。こうした状況は、説明会の再開後でも変わっていません。

2　説明会の再開と区間変更の推移

計画変更区間は最終的に一八〇ｍで決定しますが、そこに至る経過は二転三転しました。住民説明会は一九九五（平成七）年七月二七日に再開され、翌一九九六年九月一九日までに合計八回開かれます。再開後の第一回の説明会では未整備の一一〇ｍを幅員一七ｍで整備すると説明されます。それが二回続いた後、三六〇ｍ案が五回繰返され、また一八〇ｍに変わります。しかしその間、住民の反対は一貫して変わりませんでした。県は進展のないことにしびれを切らして、都計道・伊東大仁線の全長変更から三六〇ｍ案へ、さらに一八〇ｍ案に妥協して、市に対しその案を住民説明会で「報告」させ、「決定しようと決心」した様子が窺えます。従来の「説明」から「報告」に名前まで変えたことがその決意を示しています。順次、住民説明会の再開後の動きを追ってみます。

(1) 未整備区間一一〇mの変更案で再開

説明会直前の用地買収・建物補償

幅員一七m拡幅を県が譲らないことが分かった伊東市は、一九九五（平成七）年七月二七日の住民説明会の前日付けで、すでに移転を決め用地を確保していたA家（家族が測量会社勤務）に目をつけ、決定どころか変更案の説明会の前という時点で事業化に着手、既成事実づくりをはじめました。おまけに坪当たり一〇〇万円（路線価の二・三倍）という法外な金額でした。市の予算執行の際の議会答弁は、実施してもいない「事業説明会（必要手続）を行なった」と虚偽の答弁をするなど、およそ法治国家とは思えない、何重にも違法を重ねた事件といえます。

区間一一〇mの変更案の説明・再開

伊東市が区間を最初から一一〇mとしていた理由は、国道海岸通線（通称バイパス）工事に合わせれば幅員を変えずに未整備区間だけ整備すれば可能であったのに……という思いの他に、交通量からみて拡幅などさほどの必要性がみられなかったこともあります。しかし、それ以上に、すでに九割を越す整備済み区間には三階建て以上の堅固な建物も多く、伊東市は間違いなく圧倒的に反対者が増えてしまうことを肌で感じており、そこには触れたくないと思っていたことはむしろ当然だと思えます。整備区間をめぐる県・市間の意見の違いは、県の実情把握の不足、伊東市の説得不足が原因です。

幅員に関しては、県が妥協して一七mとなりましたが、区間については法の「策定基準」による路線全線の主張が続きました。一方、伊東市は右に述べた通り全路線一七m案は無理だと考えていましたので、県の意向を無視するかたちで未整備の一一〇m区間に固執して、一九八八（昭和六三）年にはじまった初回説明会から数えると通算七年以上も同区間の説明を続けてきたことになります。その間、伊東市はどのように県に報告していたのか不思議な話です。

・区間一一〇m案での第一回説明会：一九九五（平成七）年七月二七日、地権者一〇名、他一名。

再会第一回では、「幅員一一mでは補助金が付かない」ので「……付く（県の条件の）一七mで進めたい」「右折レーンが必要」「歩道は三・五mは最低条件、県の指導だ」「三年かけて都計道全般（の幅員）を見直す予定」等が説明され、これに対し住民からは、記録の作成、交通関係の根拠資料提出の請求が出されました。

住民からは「ここでの生活・営業を希望」「他と同じ一一mで十分」「全体計画の中で、長期的手法を考えてほしい」等の声が出ました。

・第二回では、市から「国県の補助で事業化を……」「四種一級（?）の県道の基準で一七mが必要」「県から市道部分を県道にする指導があった」との発言のほか、住民の意向調査では「賛成八〇%、反対一九%……」等との市の説明がありました。しかし住民からは「県道にするのは一七mの理由にならない」「一七mは不要」「賛成者の数字の根拠が不明」「反対者の方がずっと多い」等の抗議があり、ついに市は「反対が多数である」ことを認め、その場は収まりました。ところが住民のいない議会や委員会、審議会などでは、市はつねに「概ね了解を得た」とか「反対は補償が心配、少ない」等の虚偽答弁を続けていました。

住民は再度、根拠資料の配布を強く求め、市は九月末付で「変更根拠資料」など、一部の抜粋資料（説明なし）を送付しましたが、通達や「別添」など、肝心・重要な部分は隠していました。

(2) 区間三六〇mへの変更案

区間三六〇m×幅員一七m案で計五回、住民説明会を開く三回目以降の住民説明では、「全線変更」を指導する県と「到底無理」を主張する市の妥協で、区間は三六〇mに変更となりました。「三六〇mの変更が必要」とするための根拠は、道路の現況や予測などの基礎調査等に基づかない、法を無視したおかしな妥協としかいいようがなく、三六〇m変更の根拠は、国道バイパス、都計道・伊東大仁線、南口線、伊東駅海岸線の四路線による「環状道路網の構築」構想だけでした（詳しくは三章［参考資料2］-(8)）。なお三六〇m案は合計五回開かれています。

・第三回説明会：一九九五（平成七）年一一月九日、地権者一二名、他一名。

三六〇m案の第一回説明会は手違いがあったらしく、区間三六〇mの住民全員への案内はなく、一一〇mの住民だけに案内が出され、「区間三六〇mが県の最低条件だ」と説明、その理由は国道バイパス・本件路線を含む四路線による「ループ条の幹線道路網が必要のため」とし、また、現在は未整備の市道部分の一一〇m区間は「県の規格・事業とし、県道となる」、さらに補助金の付く一七mでないと「事業化できない」等や補償の説明が繰返されました。

一一〇m区間の地権者たちは、区間が広がったことに驚きつつ「三六〇mでは反対がもっと増えるだけ……、県道にするからとの理由で拡げた上に区間を延ばし、遅くなるのは困る」「全体の拡幅変更をやると言いながら、部分を先にやるのは順序が逆でおかしい」「意見を出せと言いながら、出しても無視している」等と怒っていました。また同席の区長から「全体の話を先に進めたらどうか」と言われたのに、担当部長はただただ「早くできる方が市に好都合……」というだけでした。

・第四回説明会：一九九六（平成八）年五月二〇日、地権者三四名、他一名。

区間の拡幅案をはじめて聞いた延長区間の住民たちから、案の定、怒号に近い拡幅不要論、反対論が次々と発せられました。「現状で渋滞などない」「代替地での営業は困難」「部分的拡幅では境目の段差でかえって渋滞する」などと主張、反対一色といえる状況となりました。

なお、請求していた「記録」の配布がなく、再度の請求に対し市は「作成していない」と拒否しました。ところが原告の一人から「録音しているのを見た。記録を作れるはずだから出せる」と指摘され、後日、記録を出すことになりましたが、その記録にも多くの改ざんや削除・追記等がありました。

・第五回説明会：一九九六（平成八）年七月九日、地権者二九名、他三名。

伊東市は「（国道）バイパスが完成し、現国道と二本は不要」となること。「都計道・伊東大仁線全線の拡幅が県の指導」であること。しかし、それが「困難であると市が主張し妥協した」として、区間が短縮され（三六〇m×一七m）、それが「県（道）の最低条件」と言われたことなど、法令を交えて説明しました。

住民からは「補助金や県道とするための拡幅は反対」「整備済みの現状（の一一m）で問題はない。一一mで整備をすべきだ」「納得のいく、明確な理由を説明せよ」「県の説明を……」等々、否定的な意見が多く出されました。

これに対し市は、住民が長期遅延による居宅の老朽化で困っているのを知りながら、反対が続けば「何十年も放置される可能性……」「事業化せず今のままにしておく……」など威圧的な発言をし、質問には答えず、聞かれもしない「補償」の話をはじめるなど、住民の反発を招きました。市が急に「補償」の話を言い出したりしたことで、住民は「変だ。今までと様子が違う」「録音して、何か証拠作りでは……」といぶかりました。

・第六回説明会：同年七月三〇日、地権者二三名、他三名。

市からは「県の指導・規格で、幅員一七m、右折レーン設置が県道昇格の条件」「市としては……未整備区間を早く事業化したい」「全員賛成は手続上不要」「すでに一カ所を一七mの計画で買収済み……」「損はさせない。精神的苦労にも応える（部長）」等の発言あり。なお事業手法は「決定後に説明する。今は言えない。まず、変更決定を……」「今、具体的に調査中、その結果に基づき計画を……」など、説明しました。

住民は幅員拡張への疑問や反対が多く、「補助金優先の発想に疑問」「補償の話しではなく、何ゆえ一七mとするかの根拠の説明を……」「一一mでの整備を要望」等が出されましたが、またもや無視されました。

そうした中、例外的発言が二人の住民から出されました。一人は市の測量委託業者の役員で、「未整備区間と整備済み区間が一緒だと長引く……整備区間と分けたらどうか」という、前回議員から出されたのと同意見を述べ、もう一人は自費で解体・再建築を原告に相談していたY社の社長で「いずれの幅員にせよ、早急に決め、実施を……」という意見でした。狭い町なので、二人（当日左前方で隣席同士）が懇意な関係であることは住民は十分承知していました。

この発言を受け部長は「ご意見を県に報告し早期決定をお願いする」と、待っていたかのように応じました。また、既成事実化した用地買収の例を述べるとともに、「（そのように）市に買う金は……ある」として、「補助金発言は一回もしたことはない」と否定、変更決定優先の姿勢を強調しました。しかし、その一方で「単独でもできるが、せっかくの一七mで変更できれば、補助率の大きい、多額の補助金を利用できるので（一七mで……）」と、またまた本音をのぞかせるなど、ちぐはぐな答弁でした。

市は、一一〇m区間の変更を急ぐ理由を問われ、市内の経済状況に言及して「市内の活性化を図るための事業化を……」という本音も述べています。つまるところ伊東市の狙いは、多額の補助金を利用して、停滞が見える市内経済の活性化を図ることにありました。また上記二人の関係者の出した整備区間の分離案や促進要望は、市からの根回しを受け、合意の上の発言だったこと等、思えば強硬突破の前兆でもありました。

なお、緊迫していた会場で、次のようなやり取りがありました。住民の「市は一一〇mだけやりたい。県は一七mで全線と譲らないが、最低は三六〇mで……という。市は仕方ないから、三六〇mでやるという。そうとしか聞こえない」との発言に対し、市は「（暫くして）そう……かも知れない……」（会場爆笑）と発言。市は、このように区間短縮が本音だと強調し訴え続けました。

・第七回説明会：同年八月二〇日、地権者二二名、他三名。

この説明会は、なぜか「報告会」と名を変え、最後の区間三六〇m案の案内が出されたもので、いわば区間短縮のために急遽開催されたものでした。

報告としては、交差点解析と警察協議を行なったこと、結果として、交差点二カ所では当面改良無しでも対応が可能とされたこと、等があった他、「市としては最初からの予定通り、一一〇m区間のみ変更し、早期事業化をしたいが、県の指導で……」と調整中の苦しい立場を強調し、住民の理解を求めました。

「県の事業ならば県の出席・説明を……」との住民要望に対し、「県事業と決まれば……市も県の出席・説明を希望している」としたので住民は期待しました。しかし、この時点でいえば、すでに五月の議会において県の費用で測量委託契約がなされ県の事業となると答弁していたわけですから、住民に対しては、知っていたのにまだ知らないふりをして、虚偽回答を続けていたことになります。

拡幅への疑問や反対意見が出る中、前回発言の二人から、「整備済み区間と（一一〇m区間との）分離案での調整か？（測量会社）」「県の決定の報告はいつか？（Y社）」という、市の回答を促す発言があり、市は二人に対し「早期決定と区間短縮を県にお願いする」と応え、県へ強く要望する材料としたのです。なお、分離要望に関連し同席の議員から「県の指導といってるだけでは駄目だ。もっと要望を……」との意見も出され、市は「……一一〇mの分離は前々から再三県にお願いしてきた。……更に要望していく」と呼応、これは後述の通り、議会に対し窮状を訴えて協力を要請していたこと（議会議事録）と対応した発言でした。

(3) 区間一八〇mへの変更案　住民説明の打ち切りと密かな手続

最終案で最初で最後の「報告会」

区間一八〇m×幅員一七mの変更案が、結局は最終案になりましたが、議事の進行に問題がありました。後で知ったのですが、議会に対しても窮状を訴え協力を要請すると同時に、説明会でも前回同様測量会社とY社の発言を材料とし、これを契機に住民説明会を終わらせ、結論を急ごうとする姿勢がはっきりしてきたことです。ひと月足らずで前回に続いて「報告会」の開催を通知するなど、一八〇m区間の意図的な操作をはじめ、しかも最終回としてしまいました。

・最終「報告会」（第八回）：一九九六（平成八）九月一九日、地権者一〇名、区間外住民七名、他三名。

報告として「一一〇m短縮案は県に拒否された」「県の最大限の譲歩が一八〇mであり、これ以上は無理と判断した」「県の事業として行なう」「今回は一時的暫定的な変更である」「県で公聴会を開催、意見聴聞を行なう」「市でも昨年行ない、意見聴聞した例がある」などのほか、決定に至る手続について口早に、そして「第一回目の提案」と述べました。

この最後の「報告会」は三六〇m区間全員に通知され、一八〇m区間外の人から市を代弁するような意見が出るなど、促進を目的とした意図的なシナリオに沿って開催され、展開したことは明白です。

前回、前々回に発言した二人から、すぐさま「一八〇m区間分離、早期整備に賛成する」（測量会社）という意見と「補償の説明や測量を……」（Y社）という催促の声が今回もまた上がりました。度重なるみえみえの発言に、住民からは「サクラだ」「ヤラセだ」との発言がありました。

既述の通り、その二人は今回も会場右側の前列近くに並んで座るほどの懇意な友人同士で、住民は二人の発言と市との関係をよく知っています。実際、測量会社は本件関連の測量をすでに数回受注しており、Y社は後日、ご褒美として、建物の全面的新築費用を補償され、川べりの移転用地まで用意されていた事実が、議会や新聞で明るみに出されました。

市は、「補償の話を……」という催促を受け、「補償の話をするには測量までやらせて……」と応じ、測量の了解を求め、異議が出されないうちに、さっさと議事を進めてしまいました。実は「この測量の了解」が、なんと「この変更案の了解」に化けてしまい、県などに「了解を得た」と報告され、行政の予定したシナリオ通りの手続が進められたことが、後から判明したのです。

一方、住民からは「部分的拡幅への疑問や反対」「納得できない、急がず更なる説明や意見聴取が必要」「記録に間違いがある。県への報告に疑義があり、県が間違った判断をする恐れがある。正確な報告を……」等、急ごうとする市の姿勢に抗議する多くの意見が出されました。

また、市が「県の事業……」「県で公聴会を開催、意見聴聞を行なう」等と明言したことから、住民一同は、今後、県からの説明があり、公聴会も開催されるもの、と大きな期待を抱きましたが、結果は反故にされました（顛末は本章一五一・一五二頁）。

なお、この報告会のもう一つの問題は、一一〇m区間外の残り七〇m区間の地権者の出席状況です。一一〇m区間の住民は通常出席数が多く、常に必ず一〇名以上、多い時で二〇名程度は出席していましたが、当日の出席地権者は、一〇名でした。つまり、七〇m区間の地権者たちはいなかった、といえます。

市が述べた「第一回目の提案」で終了したということは、多くの住民関係者がこの一八〇mに変更されたということを知らない、一回も聞いたことがない、ということです。一一〇m区間の地権者も含め、この出席する地権者の減少理由は、「説明会」ではなく「報告会」と変えたことが影響したのは間違いなく、この改称からも、もう説明の段階ではなく、「決めたことの報告」だという市の意図と強行意思が窺えます。

＊

以上が、本件路線に関わる原決定当時の時点から変更決定に至るまでの長期間にわたる住民説明と計画変更の変遷の記録です。繰返しますと、市自身が「第一回目の……」といった「最初にして最後の一八〇m区間の変更案」の提案は、該当する地権者の過半（三分の二）が欠席した状況下で開かれました。また「県の事業に決まり、県の説明・公聴会の開催」と以前から公言しながら、中止を直ぐに通知せず、年度末に予定された県都市計画地方審議会のスケジュールに乗せるため、決定手続を急いだのです。

なお、最終案の「報告会」以後の、市議会及び伊東市・静岡県の都市計画審議会の動きについては、本章で詳しく述べた通りです。それを踏まえ、以下に、本件変更決定・告示後から訴訟へ、さらに訴訟への伊東市の参加までの記録をレジメ風に記載しておきます。

(4) 計画変更決定から訴訟へ（伊東市の訴訟参加まで）

一九九七（平成九）年の動き

・三月二五日：本件計画変更の決定・告示。
・四月二日：市は住民の問合わせに「もう、三月二五日に決定した」とだけ回答。
・地権者は「了承の有無」アンケート開始。参加全員が「了承したことは一切ない」と回答。「決定は騙し討ち」と怒り反対の署名活動を開始→約一月半に一七一五名の署名を得る。
・五月一六日：市議会・特別委：市は「了解者は四人より多い」「安全快適な歩道は歩道部二・〇m、道路構造令による植樹帯一・五mで三・五m」などと報告。市議会の委員は「九月一九日の了承は正確ではない」と批判。
・五月二三日：住民、行政不服審査申立（計画変更決定への異議、県は無視→建設省に相談）。
・六月一六日：住民、情報公開の請求（意見書要旨、事前協議書、都計審・審議記録、手続規定等）→八月二六日に市の回答（一部不開示）。
・六月二三日：住民一四名による行政訴訟（変更決定の取消請求事件・10号事件）。
・市議会・特別委で委員「推進は見切り発車の感。確か、最終案の時、反対地権者の出席が少なかった……。意見書の開示を……」→市は拒否。
・原告「建築許可申請」……「却下」判決防止準備。「公聴会中止は開催する四つのケースに不該当」と主張→

実際は第四のケース（年表・註1）に該当。

被告・県側は「平成三〜六年の個別意見（賛成多数という虚偽集計）を踏まえ手続を推進……」と主張。

県・熱海土木職員来宅、「許可申請の取下げ」を要請→断る。
・九月一七日：地裁法廷①、「却下」の論議。
：「建築不許可処分」が出される。
・九月二三日：県・答弁書提出。
・一〇月二〇日：住民、提訴（建築不許可処分の取消請求事件・甲事件）。
・一〇月二三日：原告、第10号事件と甲事件の併合を申立て。
・一一月六日：地裁法廷②、原告準備書面・併合の請求（申立）受理。
：被告、地裁とも「却下」の論議。→第二の建築許可申請準備。

一九九八（平成一〇）年の動き
・七月一〇日：住民、訴訟（建築不許可処分の取消請求事件・乙事件）。
・九月一四日：県・熱海土木と伊東市長の協議：Y社買収等事業化の合意。
・九月一六日：九月議会記録：①助役答弁「係争中．大臣の事業認可はない。Y社買収の予算化は県も賛同」。議員「構造令で幅員一一mは可能では」に対し、市は回答保留のまま。
・九月一六日：Y社密談：市長助役が議会四会派の代表と「予算化」を飲食密談（予算化への根回し）。酔った六人を住民が撮影→地元紙の一面で報道。
・九月一九日：議会補正予算上程：密会と予算につき議員が追及、伏していた内訳（Y社買収・補償費の四億六八〇〇万円）が表面化。休業補償八〇万円／日　等用地費一億〇三七〇万円（減額）、建物等補償費三億六四三〇万円（建物補償を増額）。しかしながら、合計は変わらないという不思議（高すぎた用地費の水増し分を減らし、そっくり補償費に振り替えただけ）。
・九月二二日：市議会特別委員会で予算案を否決。減額した用地費は路線価の一・六倍（通常一・五倍より多い）。
・一〇月一日：市議会本会議：四会派の多数により逆転、可決（Y社密談の成果）。
・原告・市の訴訟参加の申立て（地裁→県・市に意見書提出を……）。
・一〇月二日：伊東市の訴訟参加の申立て。
・一〇月二三日：原告：不許可処分の取消請求事件の併合を申立て。
・一一月九日：助役「Y社補償関係の推進は県も賛同。方針変更無し」の報道。住民「予算執行中止を……」、助役「Y社補償を先例に景気打開……」と拒否。
・一一月二五日：市・訴訟参加拒否の意見書。
・一一月三〇日：県・参加拒否の意見書。
・一二月二五日：原告・上申書。
・一二月議会：議会報告：市長「Y社用地を市・土地開発公社で先行取得し、五カ年で市が公社（理事長＝市長）に分割返済する」と発言。

一九九九（平成一一）年の動き

・一月二五日：市長→公社理事長（市長）にY社買収を依頼（四億六八〇〇万円）。
・一月二七日：地裁法廷：原告・上申書「Y社予算の執行は市に損害を……中止の警告」。
・二月一〇日：公社・理事会（運営協議会）：Y社買収・補償案件を承認。
・二月二六日：Y社移転用地買収契約（市・Y社代替地の跡地買収）。結果的に無用の買い物。

・三月一五日：原告住民・監査請求。平成七年、①Ａ家用地事前買収、決定前事業化。②係争中の事業化・Ｙ社移転用地買収、③同・価格の妥当性、損害を問う。
・三月議会：Ｙ社買収受託の公社に支払う利子八〇五万円の予算可決（承認）。
結局、右記③は答えず（四億六八〇〇万の一年分利子）。
・三月二六日：Ｙ社買収委託の取下げ：議会承認直後の予算修正（↓利子も不要に）。係争中の強引な事業化を中止。
・三月三一日：市・開発公社：理事会でＹ社買収・補償予算を削除（↑市が中止）。市：執行済のＹ社移転用地は、他の道路整備の代替地などに利用……。
・五月一二日：監査委員会：請求棄却「執行済のＹ社移転用地買収は、議会承認目的外だが認める（同利子の件も）」。理由、六月議会で削除の予定。
・六月三日：六月議会：Ｙ社予算を削除。理由：弁護士相談の結果。

二〇〇〇（平成一二）年の動き（三月末に伊東市の訴訟参加が決定。拒否から一年半後）
・一月二〇日：地裁法廷：（尋問途中）県「詳細不知」で対応不能。進行協議希望。
・二月：伊東市・市の訴訟参加の申立て。
・三月：県・伊東市の訴訟参加の申立て。

著者の面影を追って……… 家族とともに

1942(昭和17)年 家族写真、中央に母に抱かれた著者

著者・島田靖久 略歴（1940年～2023年）

父・千秋、母・せん、7人兄弟の次男として、静岡県伊東市松原に出生。家は、江戸期には農業の傍ら持ち回り的な地元松原の八幡神社・禰宜（鍵取り別当：松月院・僧都）を務め、明治以降は世襲制の宮司職となる（祖父は旧村の村長を務め、父は教職を兼務）。靖久は、県立伊東高等学校をへて、早稲田大学理工学部建築学科卒業、同理工学研究科修士終了。
職歴：1級建築士収得。建築設計事務所に2年弱勤め、環都市建築設計事務所を立ち上げ、㈱環設計代表・所長を2003（平成15）年に閉鎖するまで32年間を務めた。

2010 年頃
親戚宅の庭にて、愛犬と

長女・有子と孫と
(東京在住)

妻・啓子と 2 人の孫と

松原八幡神社例大祭神輿巡行

「都市計画道路変更決定事件」を闘った同士・秋山光正さんより写真提供

1990 年代後半、父・千秋と著者

2022 年 12 月 11 日、都市計画道路・伊東駅伊東港線の一部「駅前西口通り（通称：西口線）について考える会」にて登壇（伊東市桜木町 ひぐらし会館）

「父の想いを引き継ぐ」著者

私たち家族にとって住み慣れた家を離れ現住所に転居したのは、けっして望んだことではありませんでした。父・千秋は存命中、郷土史に強い関心をもっていて、家に残された古文書を整理したり、関係書類を探したりしていましたが、本人留守中に二度も大火に見舞われ、大事に守ってきたものを焼失してしまったことを大層残念がっていました。そこで、今度家を建て替えるときは「鉄筋コンクリート造の家にしたい」という希望をもっていました。しかし、都市計画道路・伊東大仁線の拡幅計画で、その願いも断念せざるをえませんでした。

父は 1990（平成 2）年の伊東沖の海底噴火に続く群発地震後、病床につくようになりました。父から「あとはお前に任すが、先祖代々引き継いできた本籍地を手放すことだけは……」と託され、私は父との約束を守ることをあらためて決意しました。

生きた証　感謝にかえて

本書の筆者である父は、東京で建築設計に長く携わったのち、伊東市に帰郷しましたが、この地で長期未着手の都市計画道路事業に関する行政の不誠実な対応に不信感を募らせました。本件都市計画道路は接続する県道および国道バイパスの間に残った、最後の未整備区間（市道）であり、結果的に一九五七（昭和三二）年の計画決定から二〇二四年の現在まで、七〇年近く放置され続けています。途中、地元住民の早期着手の希望も空しく、計画が二転三転し、逆転勝訴に終わった後も誠実な対応のないままです。この間、行政にはなんの痛みもないですが、住民にとっては制限が続き、生活や資金計画にも変化や支障が出てきます。

本書は、提訴に至るまでの期間、さらにその後係争中に積み重なった不信を熾火《おきび》に、住民説明会や面談、電話での詳細なメモ、関係者の証言などを集めた資料に加え、都市計画法の旧法と新法との違いなどを使って、何が起きたのかを順を追って解説しています。それは、一つ一つ疑問を調べるうちに、行政や司法の現場において、旧法から新法へ、法の目的や意味が大きく変わったにもかかわらず、そのことが十分に理解され運用されているとは言えないのではないか、という疑問につながっていきました。現役時代に都市計画にも携わったことで得た、法令や規則などが運用される現場の感覚は、裁判において詳細な検証となって生かされ、計画決定の歪みだけでなく、地裁の姿勢やそれまでの司法の感覚と住民の実情の差を浮き彫りにしていったのです。

本書は、法令と基準に忠実に計画されるべき都市計画事業が、行政の恣意的な選択と怠慢により歪められ、合理性や公平性を欠いたことを明らかにし、権力を扱う「人」が個「人」の権利を圧力で抑え込む可能性をはらんでいることの一つの証明にもなっています。

なぜ今になって一六年前の話なのでしょうか。本文中にもありますが、父は近年の「長期未着手の計画見直し」機運を背景に、伊東市内の別の重要な路線拡幅が廃止決定告示されたことを受け、反対・撤回運動に関わるようになりました。その過程で行政の古い考え方や手法を是正すべきだという思いを強くしたのです。誰もが安心安全に通れる道路を適正な広さで整備する。地域住民等の理解を得てより良い街にするには、説明を省いたり上から目線でものを言うのではなく、事実を隠さずていねいに対話を重ねることが重要であるはずです。

平成二〇（二〇〇八）年九月一〇日の最高裁判所大法廷判決（浜松市土地区画整理事業事件判決）を皮切りに、都市計画をめぐる訴訟において、それまで高い壁であった「処分性」の解釈が、各事業の特色や実情を考慮して審査されるようになってきました。実はこの判決の半年前、最高裁第三小法廷で行なわれた父たちの東京高裁での判断を支持した最高裁判決（平成二〇年三月一一日）は、不合理な計画を違法と認めただけでなく、否応ない処分性の存在を明らかに示したものであり、いかに旧態依然とした行為が行政だけでなく司法にも残っているのかを考えさせるものでした。

父は法律の専門家ではなかったため、検索はしつつも最新の情報を得られないまま昨年の秋、出版の途中で他界しました。そのため、本書の内容に古い部分もありますが、権利救済のあり方を見直そうとするこの過渡期に、父の異義申立ては意味のある提起であったと確信しております。当時、担当として父の説明に理解を示し「勉強になった」と線香をあげに来てくださった行政の方々もいました。しかし、数年おきの異動の中では、書類に載らない地域の潜在意識や対話による信頼関係は継続されません。強引な手法のみが残ったのでは意味がないのです。

父の他界後、残された者たちで書籍にする過程で、いくつかの更新された情報に出会いました。右の平成二〇年九月の最高裁大法廷判決もその一つです。「処分性の有無」について、まだ範囲が限られているようですが、この確かな一歩の中にあって本書が、おそらく同じ立場にたたされ、苦労をされている人たちを勇気づける本であってほしいと願っています。また、私たち残された家族にとっても、父の「生きた証」の記録を残すことができたのではないかと、父のやんちゃな笑顔を思い浮べつつ、思っています。

最後になりますが、ともに不条理と闘ってくださった地域の仲間とそのご家族の皆様。都市計画は門外漢であったにも関わらず助けてくださった弁護士の先生。

書籍化にあたって出版社につないでくださった浦上健司様。書式もマチマチだった父の原稿を、根気強く扱ってくださった言叢社および担当の大矢野修様。帰郷後の父を側で支えてくださり、また本著の校正も丁寧に手伝ってくださった秋山光正様・濱川悠様。本著の帯に推薦をいただきました、静岡県元湖西市市長の三上元様。現役時代より戦友として公私にわたり父に様々なお力をお貸しくださった、百田智之様。

そして父を理解し応援してくださった皆様に、心より深謝申し上げます。

二〇二四年秋　一周忌を終えて

家族一同

年表：伊東市のまちづくり・道路づくりと都市計画道路変更決定事件の経緯

年月日	事項	備考
昭和13年前後	昭和13年の省線伊東駅を見込み、駅予定地周辺をはじめとして土地区画整理事業により、旧市街地の区画道路の整備が進められた	昭和9年 湯川地区から始まり、松原・玖須美・岡地区において順次土地区画整理事業が行なわれ、現況に近い区画道路ができあがる
昭和22年	伊東市制（第一次合併）	伊東市と小室村の合併
昭和25年	「伊東国際観光温泉文化都市建設法」成立	市の観光都市としての将来を方向づけた基本法。住民投票で合意
昭和26・28年	両年において「計画道路」が決定された	昭和32年の「原決定」の原型で、急遽街路事業が進められた
昭和30年	現伊東市制（第二次合併）	まちづくりの三大目標の筆頭は「道路づくり」
昭和32年3月30日	【建設大臣】市街地九路線の都市計画道路を決定した（これが「原決定」と称される）	そのうちの一路線の伊東大仁線は延長1,320m 幅員11mであり、昭和26・28年の街路計画をほぼ踏襲、再決定したもの
昭和50年	【県知事】原決定のうち二路線の変更決定を行なう	海岸通り線・大樋上耕地線の変更決定
昭和56年	【県知事】海岸通線の変更決定を行なう	名称「宇佐美伊東吉田線」、幅員概ね22m
昭和59年3月	国道135号線バイパスの暫定二車線供用開始	住民から伊東大仁線整備の要望が出る
昭和63年7月ごろ	国道135号線バイパスの四車線供用開始	伊東大仁線の整備の要望が議会の記録に残る
7月7日	【伊東市】未整備110m区間の住民に対する地元説明会の開催 ※住民の資料要請に対し、一部提出するも主要な部分は隠蔽	平成3年2月26日までに合計八回開催。当初は未整備110m区間について幅員11m、16m、17m、20mの案が提示されたが、平成2年3月29日の説明会以降は17m案が説明された

平成2年3月	【伊東市】地権者に対する個別の意見聴取 ※地権者の反対約九割を隠蔽して記録	平成7年9月までに五期にわたって実施。地権者は幅員17mの整備に反対する者、賛成する者、代替地または補償を希望する者などに分かれていた
12月	【伊東市】『第二次伊東市総合計画 第五次基本計画』の策定	人口フレームを平成12年度に八・五万人、平成22年に一〇万人と過大な設定をした
平成6年3月	【伊東市】『平成5年度都市計画道路網計画調査業務委託報告書』の策定（伊東大仁線は優先順位が低いという報告書）	未整備110m区間を幅員17mで整備する必要が高いと結論づけた。人口フレームを平成22年度に八・五万人と設定した
平成7年4月	【伊東市と静岡県】協議	変更区間を未整備110m区間とするか360mとするかについて結論は出なかった
7月27日	【伊東市】地元説明会の再開 ※説明会前日、一地権者の用地買収、家屋補償等の契約を街路事業費として締結（既成事実化）	平成8年9月19日までに合計八回開催。平成7年7月27日の説明会で、未整備110m区間を17mで整備したいと説明
8月	【伊東市】『都市計画道路伊東大仁線都市計画変更資料作成業務委託書』の策定 ※変更を目的とした露骨な資料の作成	未整備110m区間を幅員17mで整備する必要性が高いと結論づけた。人口フレームを平成12年度に八・五万人と設定した
平成8年4月	【伊東市と静岡県】協議	360m区間を変更するという案で合意した
4月18日	【伊東市】地元説明会の開催	360m区間を変更区間とする案を提示したため、地権者の反対により会場内は大混乱に陥る
5月15日	【伊東市】伊東市議会伊東線複線化・国道等交通対策特別委員会で説明	360m区間を平成8年度内に都市計画変更決定を考えており、地権者の了承があると議会で説明

平成8年5月20日	【伊東市】地元説明会の開催	360m区間の住民を対象とする説明会を開催（同年7月30日までに合計三回開催）。同区間の変更に対して反対意見が出された
7月22日	【伊東市】伊東大仁線の測量業務、設計業務、用地調査業務等の委託計画を業者と締結	
8月28日	【伊東市】伊東市議会ＪＲ伊東線複線化・国道等交通対策特別委員会で説明	360m区間の住民の反対が強く、未整備110m区間を解決するという市の要望に最大限近づけるように県への要望等に議会の協力を要請した
9月19日	【伊東市】地元住民への報告会を開催（説明会ではなかった）	本件変更区間（180m区間）の都市計画変更案の報告をした
10月4日	【伊東市】熱海土木事務所と下協議を実施	平成8年12月5日に熱海土木事務所が変更計画について了承した
11月1日	【伊東市】伊東市議会ＪＲ伊東線複線化・国道等交通対策特別委員会で説明	平成8年9月19日の地元報告会で変更区間を本件変更区間（180m区間）と発表した。最終案は反対が多いこと、測量の実施は買収予定者一名の発言のみ。委員会では「地権者は了承」と虚偽の答弁をした
5日	【伊東市】市街地整備課街路係等と下協議を実施。（市長から下協議書を県都市住宅部長宛に送る） 【伊東市長】県都市住宅部長と原案の事前協議を実施	県都市住宅部、市街地整備課、道路企画課、街路係より伊東市長へ、応諾との回答あり。「これら四課から同日全て口頭で回答がなされた」と記録がある
12月2日	【伊東市】県熱海土木へ協議書提出	「伊都第189号」
5日	【県熱海土木】伊東市へ応諾の回答	「熱土第55－3号」

12月26日	【伊東市長】県知事に対し都市計画変更の申請	「伊都第208号」
27日	【県知事】伊東市長に対し変更についての「意見照会」を実施	「都計第394-5号」
平成9年1月14日	【伊東市長】変更決定案について伊東市都市計画審議会へ諮問	
1月16日	【伊東市都市計画審議会】伊東市長に対し答申（第一回審議会・通算第一一回目）	会長・副会長は従来市議会議員が選任されてきたが、この審議会で伊東市の発案で会長・副会長に市の受託業者を指定した。伊東市長に対し変更案について「住民の了承を得た」と虚偽の説明をして原案のとおり進めるのが適当である旨を答申した
17日	【伊東市都市計画課長】地権者への通知の発送	県当局から「公聴会は開催しない」という指示を受け、公聴会開催の代わりに、県知事に対する意見書の提出で対処したいとの通知を出した
21日	【県知事】変更案の縦覧	平成9年2月4日までに三六名が縦覧し、県知事に対して三〇件の意見書が提出された
2月10日	【伊東市】伊東市議会JR伊東線複線化・国道等交通委員会で報告 ※建設省の通達では、開催の要件のケース4（註1）に該当する	県知事に対して三〇件の意見書が提出されたことを報告し、公聴会は県の指示で実施しなかったこと等を答弁した
17日	【伊東市都市計画審議会長】伊東市長に審議会の意見を報告（第二回審議会・通算第一二回目）【伊東市長】審議会長の報告を受けて県知事に回答	審議会長は、二回目開催の目的は意見書内容報告であることを前段で述べ、「当審議会においては、原案のとおり進められることが適当であるとの確認をしているということをご承知おきください」と説明した。結果、再審議はされないのにも関わらず、実は「了承」との再答申をし、伊東市長はこれを受けて、県知事の意見照会に対し「異存なし」との回答をした

平成9年3月17日	【県知事】静岡県都市計画地方審議会に変更案を付議	出席した伊東市幹部や県幹部からの間違った報告や答弁（註2）により、審議委員は誤った判断を行なう。静岡県都市計画地方審議会から、原案のとおり進めるようにとの答申を得た
3月25日	【県知事】都市計画道路伊東大仁線都市計画変更決定	延長約180m 幅員17m
6月23日	【控訴人A、B、C、D、E、Fを含む住民一四人】都市計画道路変更決定の取消訴訟の提訴	「10号事件」
7月11日	【控訴人A】都市計画道路の区域内における建築物の建築許可申請	地上二階・地下一階の鉄筋コンクリート造の建築物
8月11日	【県知事】控訴人Aに対する建築不許可処分	
10月21日	【控訴人A】建築不許可処分の取消訴訟を提訴	「甲事件」
平成10年4月13日	【控訴人B、C、D、E、F】都市計画道路の区域内における建築物の建築許可申請（共同ビルの建築許可申請）	地上六階・地下一階の鉄筋コンクリート造の建築物
5月12日	【県知事】控訴人B、C、D、E、Fに対する建築不許可処分	
7月10日	【控訴人B、C、D、E、F】建築不許可処分の取消訴訟を提訴	「乙事件」
平成15年7月10日	【控訴人A、B、C、D、E、Fを含む住民一四人】都市計画道路変更決定の取消訴訟を取下げ	裁判長の強い要請により「10号事件」をやむなく取り下げる（裁判長は「10号事件があるのと同等の審議をする」と口約束）。取下げにより、控訴人が十四名から六名に減少
11月27日	【静岡地方裁判所】建築不許可処分の取消訴訟に関する原告の請求を棄却	「10号事件」で審理する論点のひとつ（原告側の行政裁量権は限られているという主張）を無視し、一方的に県の主張する裁量権を採用した

12月10日	【控訴人A、B、C、D、E、F】建築不許可処分の取消訴訟を東京高裁に控訴	
平成17年10月20日	【東京高等裁判所】建築不許可処分の取消訴訟に関する原判決の取消し及び両建築不許可処分の取消し	
11月2日	【県知事】建築不許可処分の取消訴訟を上告	
平成20年3月	【最高裁】県知事の上告を棄却	建築不許可処分の取消しと、その根拠となった変更決定の違法を認めた二審判決が確定

註

1　都市計画法第16条1項の「公聴会を開催する必要要件に関する通達」の四番目のケースに相当。「都市構造に大きな影響を及ぼす根幹的な施設を定める場合」

2　県幹部と伊東市の幹部たちは、地権者の数（誤：一五名　正：二五名以上）や、意見書を提出した住民を地権者ではないと答弁、火災からの避難シミュレーションを津波シミュレーションと説明し、拡幅は避難上重要と強く答弁（委員からも賛同意見を得る）

行政と司法のもたれ合い構造を問う

伊東市都市計画道路変更決定事件
逆転勝訴の記録

著者　**島田 靖久**

2024 年 11 月 23 日　第一刷発行

発行者　**言叢社同人**

発行所　有限会社　**言叢社** gensosha

〒101-0065　東京都千代田区西神田 2-4-1　東方学会本館
Tel.03-3262-4827 ／ Fax.03-3288-3640
郵便振替・00160-0-51824

印刷・製本　中央精版印刷株式会社

ISBN978-4-86209-091-1 C0032

装丁　小林しおり

《資料篇》

東京高裁 判決文
静岡地裁 判決文

東京高裁　判決文

平成 17 年 10 月 20 日判決言渡
平成16年(行コ)第14号各建築不許可処分取消請求控訴事件
(原審・静岡地方裁判所平成9年(行ウ) 第 23号 (以下「原審平成 9年事件」という)。平成 10年(行ウ) 第 12号(以下「原審平成 10年事件」という。)) 口頭弁論終結の日　平成 17 年 6 月 30 日

主　　　文

1　原判決を取り消す。

2　被控訴人が控訴人島田靖久に対して平成 9 年 8 月 11 日付け伊東市経由熱土第 71 号をもってした建築不許可処分を取り消す。

3　被控訴人が控訴人 B, 同 C, 同 D, 同 E 及び F に対して平成 10 年 5 月 12 日付け伊東市経由熱土第 71 号をもってした建築不許可処分を取り消す。

4　訴訟費用は, 第 1 審及び第 2 審とも, 被控訴人の負担とし, 控訴人ら補助参加人らの当審における参加によって生じた費用は被控訴人の負担とし, 被控訴人参加人の参加によって生じた費用は, 第 1 審及び第 2 審とも, 被控訴人参加人の負担とする。

事　実　及　び　理　由

第 1　控訴の趣旨

主文第 1 項から第 3 項までと同旨

第 2　事案の概要

1　本件は, 都市計画法 (平成 10 年法律第 79 号による改正前のもの。 以下「法」という。) 第 21 条第 1 項に基づいてされ, 平成 9 年 3 月 25 日付け静岡県公報で告示がされた都市計画変更決定 (静岡県告示第 313 号。以下, この決定を「本件変更決定」という。) に関し, 本件変更決定により定められた都市計画道路の区域内において建築物の建築をしようとした控訴人らが, 被控訴人に対し, 法第 53 条第 1 項に基づき, 上記都市計画道

路の区域内において上記建築物の建築をすることの許可申請をしたところ，被控訴人から，法第54条の許可基準に合致していないとして，これを不許可とする決定を受けたため，その取消しを求めた事案である。控訴人らが提起した次の二つの訴えが原審において併合され，審理，判断された。

(1)　控訴人島田靖久（以下「控訴人島田」という。）が，所有する土地上に鉄筋コンクリート造の建築物を建築することを計画したが，その敷地の一部が本件変更決定により定められた都市計画道路の区域内に位置するため，被控訴人に対し，平成9年7月11日，法第53条第1項に基づき，上記都市計画道路の区域内において上記建築物の建築をすることの許可申請をしたところ，被控訴人から，同年8月11日，上記建築許可申請に係る建築物の建築が本件変更決定による都市計画施設に関する都市計画に適合しないとして，これを不許可とする決定を受けたため，その取消しを求めて提起した訴え（原審平成9年事件）

(2)　控訴人B，同C，同D，F及び控訴人Eの5名（以下「Bほか4名」という。）が，それぞれ所有し又は共有する土地上に共同して1棟の鉄筋コンクリート造の建築物を建築することを計画したが，その敷地の一部が本件変更決定により定められた都市計画道路の区域内に位置するため，共同して，被控訴人に対し，平成10年4月13日，法第53条第1項に基づき，上記都市計画道路の区域内において上記建築物の建築をすることの許可申請をしたところ，被控訴人から，同年5月12日，上記建築許可申請に係る建築物の建築が本件変更決定による都市計画施設に関する都市計画に適合しないとして，これを不許可とする決定を受けたため，その取消しを求めて共同して提起した訴え（原審平成10年事件）

2　原判決は，控訴人らの請求はいずれも理由がないとして棄却したので，これを不服とする控訴人らが控訴を提起した。なお，原審平成10年事件の原告であったFは原審の口頭弁論終結前に死亡したが，同人の選任した訴訟代理人がいたので，訴訟手続は中断しなかった。原審平成10年事件についてはその訴えを提起した上記5名のうちFを除く4名が本件控訴を提起し，Fの相続人であるB，E，G，Hがその訴訟上の地位を承継して控訴人の地位にあるものとして控訴状の当事者の表示の訂正等がされた。

3　前提となる事実，争点及び争点に対する当事者の主張は，次のとおり改め，当審における当事者の主張を4のとおり付加するほかは，原判決の「事実及び理由」欄の「第2 事案の概要」の1から3まで（原判決 3頁17行目から21頁13行目まで）に記載のとおりであるから，これを引用する。

(1)　原判決4頁14行目の「右建築許可申請は，法54条の許可基準に合致していないとして，」を「上記建築許可申請に係る建築物の建築が本件変更決定による都市計画施設に関する都市計画に適合しないことを理由に」に，同5頁 3行目の「右建築許可申請は，法54条の許可基準に合致していないとして，」を「上記建築許可申請に係る建築物の建築が本件変更決定による都市計画施設に関する都市計画に適合しないことを理由に」にそれぞれ改める。

(2)　原判決5頁7行目を「(1)　被控訴人は，本件変更決定をするに当たり，法第6条第1項による都市計画に関する基礎調査の結果に基づき，都市施設が土地利用，交通等の現状及び将来の見通しを勘案して適切な規模で必要な位置に配置されるように，新たな都市計画を定めたということができるか。」に改める。

(3)　原判決5頁 17行目の「(柱書とも言うが以下「本文」で統一する。)」を削除する。

(4)　原判決8頁8行目の「既決定の」を「原計画決定で定められていた」に改める。

4　当審における当事者の主張

(1)　控訴人らの主張

ア　被控訴人に認められる裁量は専門的・技術的考慮に基づくものであり，都市計画決定に際して基礎調査等による予測がされ，これを勘案することが法第6条で定められたことにかんがみれば，本件変更決定が被控訴人に認められた裁量の範囲を逸脱しているか否かに関する裁判所の審理，判断は，被控訴人の判断に不合理な点があるか否かという観点から行われるべきであって，被控訴人の判断に際して用いられた資料，あるいは当該資料作成の基礎となった手法等につき，科学的観点から見て不合理な点があれば，被控訴人の行った処分は違法と判断されるべきである。

イ　被控訴人が本件変更決定の根拠とした資料である都市計画道路網計画

調査業務委託報告書（以下「道路網計画」という。）及び「都市計画道路伊東大仁線都市計画変更資料作成業務委託報告書」（以下「計画変更資料」という）は，将来総人口予測，将来交通量予測，交差点解析等を行うについて採った方法が不合理であると共に，結果においても伊東大仁線沿線の現況を反映していないことはもちろん，上位計画等とも矛盾を生じた著しく不合理なものとなっている。

(2)　被控訴人の主張

ア　都市計画法（平成9年法律第50号による改正前のもの。以下同じ。）第13条第1項の規定内容は一般的抽象的であり，都市計画は様々な利益を衡量し，これらを総合して政策的，技術的な裁量によって決定せざるを得ないから，このような判断については，技術的な検討を踏まえて政策として都市計画を決定する行政庁の広範な裁量権の行使にゆだねられた部分が大きく，都市施設をはじめとして，多くの都市計画決定は，これを決定する権限を有する行政庁が，その決定についてゆだねられた裁量権の範囲を著しく逸脱し，あるいは，それを明らかに濫用したと認められる場合に限って違法となると解すべきである。

イ　本件変更決定は，法第21条第1項所定の「その他都市計画を変更する必要が生じたとき」に当たるものとしてされた。昭和32年に原計画決定が決定されてから平成9年に本件変更決定がされるまでの間に，我が国が飛躍的な高度経済成長を遂げ，人口が増加し，モータリゼーションの進展により自動車保有台数が増加するとともに車両が大型化し，自動車交通量が激増した。また，地震発生時の緊急避難路としての機能を発揮させるためにも，本件変更区間の拡幅整備が必要である。さらに，伊東市が数次にわたって行っている道路網計画においても都市計画道路伊東大仁線は伊東市中心市街地の骨格路線とされており，今後も伊東市が存在する限り，伊東市中心市街地の骨格路線として使用されることが明らかである。昭和62年には，国道135号バイパスが4車線で供用されたことから，同バイパスと主要な地方道である県道伊東修善寺線（都市計画道路伊東大仁線と一部重複）を相互に往来する車両の円滑な交通を図るため，連絡道路となる本件変更区間の拡幅整備がこの地域における幹線道路網整備のために欠かせない課題となっている。以上のように，原

計画決定以後,社会環境が大きく変化し,増大した交通量や防災上,道路網整備上の必要に対応する必要が生じたことからすれば,「その他都市計画を変更する必要が生じたとき」に当たる。伊東大仁線は,道路法が適用される道路であり,具体的な道路の構造(幅員,形状等)は,道路法の委任を受けた道路構造令において,道路の区分ごとに定められている。伊東大仁線は,計画交通量が1日当たり4000台以上1万台未満であり,道路構造令第3条所定の第4種第2級の道路であって,同令第27条第2項により右折車線を設ける必要があり,そのため,被控訴人は,道路構造令の規定に基づき幅員を11メートルから17メートルに変更した。被控訴人は,その際,伊東市中心市街地地区更新基本計画(以下「基本計画」という。),道路網計画,計画変更資料を本件変更決定の基礎資料として参酌した。

第3　当裁判所の判断

1　原審平成10年事件は,控訴人Bほか4名が,構造上の共用部分を含む不可分一体の1棟の建築物を建築することを計画し,法第53条第1項に基づく建築の許可申請をしたところ,被控訴人からこれを不許可とする決定を受けたため,その取消しを求めて提起した訴えであるから,固有必要的共同訴訟に当たるものと解するのが相当である(最高裁平成6年(行ツ)第83号同7年3月7日第三小法廷判決民集49巻3号944頁参照)。したがって,前記の経過によれば,原審平成10年事件については,Fの相続人である控訴人B, E, G,及びHがFの本件訴訟上の地位を承継し,その結果,控訴人B,E,同G及びH並びにC及び同Dが控訴人の地位にあるものというべきである。

2(1)　前記引用に係る原判決の認定事実(前記訂正部分を含む。)によれば,原計画決定は都市計画施設として伊東大仁線のうち起点伊東市東松原町から終点伊東市広野2丁目までの延長1320メートルを幅員11メートルとすることを定めていたが,本件変更決定はそのうち起点伊東市東松原町から約180メートル区間(本件変更区間)については幅員17メートルに拡幅するという内容に変更するものであり,控訴人島田の許可の申請に係る建築物及びBほか4名の許可の申請に係る建築物は,いずれもその全部又は一部が本件変更決定による都市計画施設(都市計画道路)の区域

内に建築が予定されているものである。控訴人島田及びBほか4名は，法第53条第1項に基づき，それぞれ建築の許可を申請したが，被控訴人は，申請に係る各建築物の建築が本件変更決定による都市計画施設に関する都市計画に適合しないことを理由に，いずれの申請に対してもこれを不許可とした。控訴人らは，本件訴えをもって上記各不許可処分の取消しを請求するものであり，本件変更決定が違法であることを理由として上記各不許可処分の取消しを請求することができるものというべきである（最高裁昭和53年（行ツ）第62号同57年4月22日第一小法廷判決民集36巻4号705頁参照）。

(2) 都道府県知事は，市又は人口，就業者数その他の事項が政令で定める要件に該当する町村の中心の市街地を含み，かつ，自然的及び社会的条件並びに人口，土地利用，交通量その他建設省令で定める事項に関する現況及び推移を勘案して，一体の都市として総合的に整備し，開発し，及び保全する必要がある区域を都市計画区域として指定し（法第5条第1項），都市計画区域について，おおむね5年ごとに，都市計画に関する基礎調査として，建設省令で定めるところにより，人口規模，産業分類別の就業人口の規模，市街地の面積，土地利用，交通量その他建設省令で定める事項に関する現況及び将来の見通しについての調査を行い（法第6条第1項），都市計画に関する基礎調査の結果に基づき，当該都市の発展の動向，当該都市計画区域における人口及び産業の将来の見通し等を勘案して，市街化区域と市街化調整区域との区分を定め（法第7条第1項，都市計画法第13条第1項第1号），市街化区域及び市街化調整区域に関する都市計画を決定するものとされる（法第15条第1項第1号，第18条第1項）。そして，都市計画は，国土計画又は地方計画に関する法律に基づく計画及び道路，河川，鉄道，港湾，空港等の施設に関する国の計画に適合するとともに，当該都市の特質を考慮して，都市計画法第13条第1項各号所定の基準に従って，土地利用，都市施設の整備及び市街地開発事業に関する事項で当該都市の健全な発展と秩序ある整備を図るため必要なものを，一体的かつ総合的に定めなければならず（都市計画法第13条第1項本文），同項各号の基準を適用するについては，法第6条第1項による都市計画に関する基礎調査の結果に基づき，かつ，政府が法律に

基づき行う人口，産業，住宅，建築，交通，工場立地その他の調査の結果について配慮することとされている（同項第14号）。

上記各規定によれば，都道府県知事は都市計画を決定するについて一定の裁量を有するものといい得るが，その裁量は都市計画法第13条第1項各号の定める基準に従って行使されなければならないのであって，それが上記の基準に照らして，著しく逸脱するものであるときは，当該決定は，同条項各号の趣旨に違反し，違法となるといわざるを得ない。これを都市施設（法第11条第1項第1号）を都市計画に定めるについていうならば，同項第6号の定める基準に従い，土地利用，交通等の現状及び将来の見通しを勘案して適切な規模で必要な位置に配置されるように定めることを要するのであり，しかも，この基準を適用するについては，同項第14号により法第6条第1項の規定による都市計画に関する基礎調査の結果に基づくことを要するとされている（都市計画法第13条第1項第14号）。都市計画法第13条第1項第14号，第6号の趣旨は，法第6条第1項により，都市計画に関する基礎調査として，建設省令で定めるところにより，人口規模，産業分類別の就業人口の規模，市街地の面積，土地利用，交通量その他建設省令で定める事項に関する現況及び将来の見通しについての調査が行われることを受け，都道府県知事が，都市計画に都市施設を定めるに当たっては，上記基礎調査の結果に基づいて土地利用，交通等の現状を正しく認識し，かつ，将来を的確に見通し，現状の正しい認識及び将来の的確な見通しを勘案して適切な規模で必要な位置に配置するようにしなければならないこととし，もって，客観的，実証的な基礎調査の結果に基づく土地利用，交通等についての現状の正しい認識及び将来の的確な見通しを踏まえて，合理的な判断がされ，都市施設が適切な規模で必要な位置に配置されることを確保しようとするにあるものと解される。したがって，法は，上記基礎調査の結果が客観性のある合理的なものでなければならず，かつ，その基礎調査の結果に基づいて土地利用，交通等の現状が正しく認識され，かつ，将来の見通しが的確に立てられ，これらが都市計画において勘案されることを要するものとしているというべきである。そうすると，当該都市計画に関する基礎調査の結果が客観性，実証性を欠くために土地利用，交通等の

現状の認識及び将来の見通しが合理性を欠くにもかかわらず，そのような不合理な現状の認識及び将来の見通しに依拠して都市計画が決定されたと認められるとき，客観的，実証的な基礎調査の結果に基づいて土地利用，交通等につき現状が正しく認識され，将来が的確に見通されたが，都市計画を決定するについて現状の正しい認識及び将来の的確な見通しを全く考慮しなかったと認められるとき又はこれらを一応考慮したと認められるもののこれらと都市計画の内容とが著しく乖離していると評価することができるときなど法第6条第1項が定める基礎調査の結果が勘案されることなく都市計画が決定された場合は，客観的，実証的な基礎調査の結果に基づいて土地利用，交通等につき現状が正しく認識され，将来が的確に見通されることなく都市計画が決定されたと認められるから，当該都市計画の決定は，都市計画法第13条第1項第14号，第6号の趣旨に反して違法となると解するのが相当である。

ところで，法は，都市計画区域が変更されたとき，第6条第1項の規定による都市計画に関する基礎調査又は第13条第1項第14号に規定する政府が行う調査の結果都市計画を変更する必要が明らかとなったとき，遊休土地転換利用促進地区に関する都市計画についてその目的が達成されたと認めるとき，その他都市計画を変更する必要が生じたとき，遅滞なく，当該都市計画を変更すべきことを定めているが（法第21条第1項），同項により都市計画が変更される場合においても変更の結果新たな都市計画が定められることになるのであるから，当該都市計画についても，その内容は，都市計画法第13条第1項各号の定める基準に従って定められなければならないというべきである。したがって都道府県知事が，従前の都市計画を変更して新たに都市計画施設を都市計画に定めるに当たっては，同項第6号の定める基準に従い，土地利用，交通等の現状及び将来の見通しを勘案して適切な規模で必要な位置に配置されるように定めることを要するのであり，しかも，この基準を適用するについては，同項第14号により法第6条第1項の規定による都市計画に関する基礎調査の結果に基づくことを要するのであって（都市計画法第13条第1項第14号），前記のとおり，都市計画に関する基礎調査の結果が客観性，実証性を欠くために土地利用，交通等の現状の認識及び将来の

見通しが合理性を欠くにもかかわらず，そのような不合理な現状の認識及び将来の見通しに依拠して都市計画が決定されたと認められるとき，客観的，実証的な基礎調査の結果に基づいて土地利用，交通等につき現状が正しく認識され，将来が的確に見通されたが，都市計画を決定するについて現状の正しい認識及び将来の的確な見通しを全く考慮しなかったと認められるとき又はこれらを一応考慮したと認められるもののこれらと都市計画の内容とが著しく乖離していると評価することができるときなど法第6条第1項が定める基礎調査の結果が勘案されることなく都市計画が決定された場合は，客観的，実証的な基礎調査の結果に基づいて土地利用，交通等につき現状が正しく認識され，将来が的確に見通されることなく都市計画が決定されたと認められるから当該都市計画の変更は都市計画法第13条第1項第14号第6号の趣旨に違反して違法となると解するのが相当である。

(3)　被控訴人は，都市計画法第13条第1項の規定内容が一般的抽象的であること，様々な利益を衡量し，これらを総合して政策的，技術的な裁量によって都市計画を決定せざるを得ないことを理由に，このような判断については，技術的な検討を踏まえた政策として都市計画を決定する行政庁の広範な裁量権の行使にゆだねられた部分が大きく，都市施設をはじめとして，多くの都市計画決定は，これを決定する権限を有する行政庁が，その決定についてゆだねられた裁量権の範囲を著しく逸脱し，あるいは，それを明らかに濫用したと認められる場合に限って違法となると主張する。しかしながら，前記のとおり，都道府県知事は，都市計画を決定するについて一定の裁量を有するものといい得るが，その裁量は都市計画法第13条第1項各号の定める基準に従って行使されなければならず，同項第6号の定める基準に従い，土地利用，交通等の現状及び将来の見通しを勘案して適切な規模で必要な位置に配置されるように定めることを要するのであり，しかも，この基準を適用するについては，同項第14号により法第6条第1項の規定による都市計画に関する基礎調査の結果に基づくことを要するのであって（都市計画法第13条第1項第14号），客観的，実証的な基礎調査の結果に基づいて土地利用，交通等につき現状が正しく認識され，将来が的確に見通されることなく都市計画が決定

されたと認められる場合には，当該都市計画の決定は，同項第14号，第6号に違反し，違法となると解するのが相当であるところ，都市計画に関する基礎調査の結果が客観性，実証性を欠くためにこれに基づく土地利用，交通等の現状の認識及び将来の見通しが合理性を欠くにもかかわらず，そのような不合理な現状の認識及び将来の見通しに依拠して都市計画が決定されたと認められるときや，客観的，実証的な基礎調査の結果に基づいて土地利用，交通等につき現状が正しく認識され，将来が的確に見通されたが，その正しい認識及び的確な見通しを全く考慮しなかったと認められるとき又はこれらを一応考慮したと認められるもののこれらと都市計画の内容とが著しく乖離していると評価することができるときなど法第6条第1項が定める基礎調査の結果が勘案されることなく都市計画が決定された場合は，当該都市計画の決定は，上記と同様の理由で違法となると解するのが相当である。被控訴人の前記主張は，上述したことに反する限度において採用することができない。

そこで，以下，上記の観点から本件変更決定が違法であるかどうかについて判断する。

(4) 判断の前提となる事実の認定については，原判決の「事実及び理由」欄中の「第3当裁判所の判断」の1（原判決21頁15行目から32頁末行目まで）に記載するとおりであるから，これを引用する。

(5) 被控訴人は，本件変更決定が法第21条第1項所定の「その他都市計を変更する必要が生じたとき」に当たるものとしてされたと主張し，その理由として，昭和32年に原計画決定が決定されてから平成9年に本件変更決定がされるまでの間に，我が国が飛躍的な高度経済成長を遂げ人口が増加し，モータリゼーションの進展により自動車保有台数が増加するとともに車両が大型化し，自動車交通量が激増したこと，地震発生時の緊急避難路としての機能を発揮させるためにも，本件変更区間の拡幅整備が必要であること，伊東市が数次にわたって行っている道路網計画においても都市計画道路伊東大仁線は伊東市中心市街地の骨格路線とされており，今後も伊東市が存在する限り，伊東市中心市街地の骨格路線として使用されることが明らかであること，昭和62年には，国道135号バイパスが4車線で供用されたことから，同バイパスと主要な地方道

である県道伊東修善寺線（都市計画道路伊東大仁線と一部重複）を相互に往来する車両の円滑な交通を図るため，連絡道路となる本件変更区間の拡幅整備がこの地域における幹線道路網整備のために欠かせない課題となったことを挙げ，以上のように，原計画決定以後，社会環境が大きく変化し，増大した交通量や防災上，道路網整備上の必要に対応する必要が生じたことからすれば，「その他都市計画を変更する必要が生じたとき」に当たること，伊東大仁線は，平成22年における計画交通量が1日当たり4000台以上1万台未満であり，道路構造令第3条所定の第4種第2級の道路であって，同令第27条第2項により右折車線を設ける必要があり，そのため，道路構造令の規定に基づき幅員を11メートルから17メートルに変更したものであること，その際，基本計画，道路網計画，計画変更資料を本件変更決定の基礎資料として参酌したこと，以上のとおり主張する。

しかしながら，前記のとおり，法第21条第1項により都市計画が変更される場合においても変更の結果新たな都市計画が定められることになるのであるから，当該都市計画についても，その内容は，都市計画法第13条第1項各号の定める基準に従って定められなければならないというべきである。したがって，被控訴人が，本件変更決定により，従前の都市計画を変更して新たに都市計画を定めるに当たっても，法第6条第1項の規定による都市計画に関する基礎調査の結果に基づき，土地利用，交通等の現状及び将来の見通しを勘案して適切な規模で必要な位置に配置するように定めることを要するのであり，法第6条第1項の規定による都市計画に関する基礎調査の結果に基づかずに，上記のように抽象的に社会環境が大きく変化したことを挙げるだけでは，都市計画法第13条第1項第6号の定める基準に従って新たに都市計画を定めたとするには不十分であるといわざるを得ない。そこで，被控訴人が，本件変更決定により，従前の都市計画を変更して本件変更区間を幅員17メートルに拡幅することを内容とする新たな都市計画を定めるに当たり，都市計画法第13条第1項第6号の趣旨に従い，法第6条第1項の規定による都市計画に関する基礎調査の結果に基づき，土地利用，交通等の現状及び将来の見通しを勘案して適切な規模で必要な位置に配置するように定め

たかどうかについて，被控訴人が本件変更決定の基礎資料として参酌したとする前記の資料に即して更に検討する。

ア　証拠（甲8の2，22,27,60,73,74,78,81,85,86，乙9）によれば，本件変更決定の直接の資料である計画変更資料は，道路網計画で策定したマスタープランにおける平成22年における伊東市の将来予測の総人口を基礎として，将来交通量予測結果に基づき，平成22年における伊東大仁線の利用交通量は1日当たり4100台から1万3000台であり，国道135号バイパスから大樋上耕地線までの区間距離による加重平均は1日当たり8000台であり，110メートル区間は1日当たり4100台であるとしていること，被控訴人は，この数値を根拠に，伊東大仁線が道路構造令第3条所定の第4種第2級の道路に当たり，同令第27条第2項により右折車線を設ける必要があるなどとして，幅員を11メートルから17メートルに変更したものであること，道路網計画は，伊東市の将来予測総人口を25に分割したゾーンに割り振り，伊東大仁線沿線地区に該当するゾーンの人口が平成22年の伊東市内予測総人口に占める割合を求め，これを基に将来ゾーン別発生集中交通量予測を行って上記の数値を求めたのであるが，各ゾーンに割り振った基準は，平成22年における可能収容人口と平成2年現在の現実の人口との差である当該ゾーンの可能収容残容量であること，しかし，各ゾーンの可能収容人口は，各ゾーンの予想される用途と面積のみに基づいて算出されていることから，その予測自体必ずしも確度の高いものとはいい難いこと，伊東大仁線沿線地区を含む旧市内地区の人口は，昭和50年ころをピークに平成7年にかけて大幅に減少しているところ，予測人口の増加分を上記のとおり各ゾーンの可能収容残容量に応じて配分するという手法では，旧伊東地区のように人口が減少している地域ほど残容量が大きくなってしまうことになり，そのような手法を採用した結果として，人口減少傾向が続いている伊東大仁線沿線地区が属するゾーンの交通量の伸び率が他の地区の増加率と対比しても高くなっていること，また，上記可能収容人口の基礎となった上記道路網計画上の伊東市の平成22年における総人口の将来予測については次のような問題があったこと，すなわち，道路網計画の上位計画である第5次基本計画（平成3年度から同7年度を対象に立てられ

た。）は平成12年度の将来人口を8万5000人に設定していたものの，これには第5次基本計画が平成22年度に10万人都市を目指すという目標を設定していたことから平成12年度の将来人口を8万5000人に設定していたという事情があったのであり，また，平成2年3月に策定された基本計画（平成元年度伊東市中心市街地地区更新基本計画）も平成12年度の将来人口を8万5000人に設定していたものの，基本計画は，中心市街地が交通渋滞，商業活動の停滞，建築物の老朽化等々の問題を抱え，昭和63年12月15日に伊東市松原地区において大火事（松原大火）が発生したことから，公共的見地から都市の安全性を高め，再開発手法を基にした出湯のまちにふさわしい観光都市を形成するための方向付けを行う目的で策定されたものであったという事情があったこと，これに対し，やはり上位計画に当たる国土利用計画では平成17年度についてであるが将来人口を7万9500人に設定していたこと，以上のような事情があったにもかかわらず，道路網計画は，第5次基本計画及び基本計画が平成12年度の将来人口として設定していた8万5000人という数値をそのまま平成22年度の将来人口として設定したものであること，したがって，道路網計画の平成22年度の将来人口予測は過大に設定されてしまっているといわざるを得ないこと，また，道路網計画は，同年における就業人口を求めてこれを就業率で除して求めた推計値を平成22年度の将来人口予測の支えとしているが，そのような手法による将来人口予測が有力な方法であるとして一般に採用されているものであることを認めるに足りる証拠はないこと，伊東市は，伊東大仁線沿線地区に当たる松原地区及び岡地区の昭和75年度（平成12年度）の将来人口について，昭和60年と比較して減少するとの予測を行い，実際にも，前記のとおり，伊東大仁線を含む旧市内地区の人口は，平成7年にかけて大幅に減少しているのであって，道路網計画が採ったゾーン別の可能収容残容量を基に平成22年の利用交通量を推計した方法が前提としていることとは異なっていること，本件変更決定以前に法第6条の定める基礎調査の1つである交通量調査が行われた平成3年以降，それまで伊東大仁線沿線にあった市役所，商工会議所及び銀行といった市の重要施設が伊東大仁線沿線外へと移転し，本件変更決定以前に伊東

大仁線沿線の就業人口が大きく減少し，これらの施設への来所者もなくなったことから，沿線交通量が減少したであろうことは容易に把握することができたこと，以上の事実が認められ，この認定に反する証拠はない。

以上によれば，本件変更決定の直接の資料である計画変更資料が援用した道路網計画で策定したマスタープランにおける将来交通量の予測は，その基礎的数値として平成22年における伊東大仁線沿線地区に当たるゾーンの可能収容人口の残容量を採用しているが，可能収容人口の残容量を用いて交通量の予測をすることの合理性自体明らかとはいえないばかりか（当該ゾーンの可能収容人口の残容量と人口の増加との関連性を解明するに足りる証拠もない。），結果的に現実に人口減少傾向が見られるゾーンほど可能収容人口の残容量が多くなり，それに対応して将来予測される交通量も増加するという予測手法の構造自体合理性を欠くものといわざるを得ないし，また，交通量予測の基本となる伊東市の平成22年における総人口の予測について，過大に設定されてしまっているという問題があり，合理性に疑いのあるものといわざるを得ない。したがって，上記道路網計画で策定したマスタープランにおける将来交通量の予測結果は，合理的な推計方法に基づかないものであるといわざるを得ず，被控訴人が，平成22年における伊東大仁線の110メートル区間の利用交通量を1日当たり4100台であると推計して，この数値を根拠に，伊東大仁線が道路構造令第3条所定の第4種第2級の道路で，同令第27条第2項により右折車線を設ける必要があると判断したことも，合理性を欠くものといわざるを得ない。

イ　証拠（甲45の2,75,81,84,86）によれば，計画変更資料は，交差点解析を根拠に，伊東大仁線から国道135号バイパスへの流入部では，右左折混用車線で処理可能な交通量を超過する交通量が見込まれるとし，右折，左折の2車線を設ける必要があるとしていること，上記の交差点解析は，国道135号バイパスと伊東大仁線の交差点の信号サイクルを60秒に設定し，青信号の時間として，国道135号バイパスにつき30秒，国道135号バイパスの宇佐美から川奈方面へ向かう車線の右折につき5秒，伊東大仁線につき15秒をそれぞれ設定し，これらの条件で算定を行った結果，

上記のとおり，右折，左折の2レーンを設ける必要があると結論付けていること，しかしながら，交差点解析を行う場合，歩行者の歩行速度は毎秒1メートルとし，若干の余裕を見込んで歩行者が安全に横断することができる青信号の時間を設定する必要があるのに，計画変更資料の交差点解析においては，上記のとおり，伊東大仁線の青信号の時間が15秒と設定され，その結果幅員16メートルの国道135号バイパスを歩行者が安全に横断することができる時間より短く設定されているので，この設定条件の下では歩行者が幅員16メートルの国道135号バイパスを安全に横断することができなくなってしまっていること，交差点解析の条件設定は，歩行者が安全に道路を横断することができる信号サイクルとなるように，例えば信号サイクルの時間を60秒より長くして有効青時間を長くし，その分を伊東大仁線の必要青時間に割り振ると，その割り振り方を工夫することにより，右折車線を設けなくても，交通量が交通容量を上回らないこととなる可能性があること，しかも，上記交差点解析は，目標年次である平成22年の計画交通量である1日当たり4100台を基準とすることなく，平成12年の計画交通量である1日当たり8200台を基準としていること，以上の事実が認められ，この認定に反する証拠はない。

上記認定事実によれば，計画変更資料が右折車線を設置する必要があると結論付けた根拠となった交差点解析は，その条件設定が合理性を欠くものであったといわざるを得ないのみならず，上記交差点解析の基礎となった計画交通量について，目標年次である平成22年の計画交通量を基準とせずに，平成22年の計画交通量の約2倍に当たる平成12年の計画交通量のみを解析の基準としている点においてもその合理性を肯定することは困難というほかなく（この合理性を認めるに足りる証拠も提出されていない。），したがって，計画変更資料の交差点解析をもって右折車線の設置の必要性の根拠とすることはできないというべきである。

以上，ア及びイを踏まえて検討すると，確かに，前記引用に係る原判決の認定事実（前記訂正部分を含む。）によれば，伊東大仁線のうち110メートル区間だけが未整備で幅員2.5メートルから4メートルの一方通行となっており，国道135号線バイパスが4車線で供用開始となった昭和62年

7月ころ以降は同バイパスと国道135号線の間に相当する110メートル区間の整備が特に優先度の高いものとされてきたのであって，110メートル区間を整備して伊東大仁線を国道135号線バイパスに接続することを都市計画の内容とすること自体にはうなずける面がある。しかしながら，本件変更決定により原計画決定を変更する以上，変更の結果定められることになる新たな都市計画の内容は，都市計画法第13条第1項第6号の定める基準に従って定められなければならないのであり，110メートル区間を整備して伊東大仁線を国道135号線バイパスに接続することを所与の前提として道路構造令の規定だけを根拠に本件変更決定が必要であるということはできない。なお，原計画決定は都市計画施設として伊東大仁線のうち起点伊東市東松原町から終点伊東市広野2丁目までの延長1320メートルを幅員11メートルとすることを定めていたが，本件変更決定はそのうち起点伊東市東松原町から約180メートル区間（本件変更区間）については幅員17メートルに拡幅するという内容に変更するものであり，6メートルに及ぶ拡幅を行うことを内容とする点において実質的にも重要な変更であることを否定することはできない。したがって，被控訴人は，本件変更決定により，110メートル区間を整備して伊東大仁線を国道135号線バイパスに接続すること，かつ，起点伊東市東松原町から約180メートル区間（本件変更区間）については幅員17メートルに拡幅することを内容とする都市計画を新たに定めるについて，これらは，法第6条第1項の規定による都市計画に関する基礎調査の結果に基づき，土地利用，交通等の現状及び将来の見通しを勘案して適切な規模で必要な位置に配置するように定めたものであることを主張立証することを要する。そして，上記の拡幅の根拠は右折車線の設置と歩道の拡幅とにあるから，これらを必要とする合理性が問題となるところ，上記ア及びイのとおり，被控訴人が本件変更決定をするに当たって勘案した土地利用，交通等の現状及び将来の見通しは，都市計画に関する基礎調査の結果が客観性，実証性を欠くものであったために合理性を欠くものであったといわざるを得ない。そうである以上，本件変更決定は，そのような不合理な現状の認識及び将来の見通しに依拠してされたものであるから，法第6条第1項の規定による都市計画に関する基礎調査の結果に基づき，都市施設が土地利用，交通等の現状及び

将来の見通しを勘案して適切な規模で必要な位置に配置されるように定めることを規定する都市計画法第13条第1項第14号，第6号の趣旨に反して違法であるというべきである。

3　以上によれば，本件変更決定は違法であるから，被控訴人が控訴人島田の許可申請に対して当該申請に係る建築物の建築が本件変更決定による都市計画施設に関する都市計画に適合しないことを理由にした不許可処分及び控訴人Bほか4名の許可申請に対して同様の理由でした不許可処分は，いずれも違法である。よって，上記各不許可処分の取消しを求める控訴人らの請求は理由があり，控訴人らの請求はすべて認容すべきである。

第4　結論

よって，控訴人らの本件控訴は理由がある。これと異なり，控訴人らの請求をいずれも棄却した原審の判断は，不当であるからこれを取り消し，控訴人らの請求をすべて認容することとして，主文のとおり判決する。

東京高等裁判所第21民事部

静岡地裁　判決文（一部省略）

平成15年11月27日判決言渡
平成9年（行ウ）第23号　建築不許可処分取消請求事件（甲事件）
平成10年（行ウ）第12号　建築不許可処分取消請求事件（乙事件）
口頭弁論終結日　平成15年7月10日

主　文

1　甲事件原告及び乙事件原告らの請求をいずれも棄却する。
2　訴訟費用は原告らの負担とする。

事実及び理由

第1　当事者の求めた裁判
（甲事件）
1　被告が平成9年8月11日付伊東市経由熱土第71号をもってした建築不許可処分を取り消す。
2　訴訟費用は被告の負担とする。
（乙事件）
1　被告が平成10年5月12日付伊東市経由熱土第71号をもってした建築不許可処分を取り消す。
2　訴訟費用は被告の負担とする。
第2　事案の概要（省略）
第3　当裁判所の判断
1　前記前提となる事実及び認定事実末尾に掲記した証拠によれば，以下の事実が認められる（なお，証拠を掲げていない事実は当事者間に争いがない。）。
(1)　原計画決定等
伊東大仁線は，起点伊東市東松原町から終点伊東市広野2丁目までの全長約1320メートルの幹線街路であり，起点で国道135号線バイパスと接し，起

点から南西方向に向かって伊東市市街中心部を通り，途中で国道135号線，伊東駅へと接続する都市計画道路伊東下田線等と交差しながら，終点付近で主要地方道伊東修善寺線（バイパス）に分岐し，終点で主要地方道伊東修善寺線に接続している。建設大臣は，この伊東大仁線について，昭和32年3月30日,原計画決定をした。

原計画決定における伊東大仁線の幅員11メートルの内訳は，歩道幅員各2メートル，路肩各0．5メートル，車道幅員が1車線あたり3メートルで2車線の6メートルである。

原計画決定の趣旨は，伊東市を国際観光温泉文化都市として建設するための全般的な都市計画街路（現在は「都市計画道路」と称する。）として9路線を決定することにあり，その9路線の中に伊東大仁線が含まれていた。

原計画決定がなされた時点で，伊東大仁線のうち，上記終点から約1210メートルの区間には既に幅員11メートルの道路が既に存在していたが，起点から約110メートル区間（国道135号線と現在の同バイパスの間）は，整備がされておらず，幅員2.5メートルから4メートルで，国道バイパスに向かう一方通行の市道となっていた（8の1·27頁，乙6写真10,11）。したがって，幅員11メートルに拡幅する必要がある区間は，上記起点から約110メートルの区間（以下，未整備の区間を「110メートル区間」という。）のみであり，整備率は91.7パーセントであった。

昭和43年に都市計画法が改正され，都市計画の主体が国から都道府県知事又は市町村に移った。また，昭和50年6月24日 静岡県告示第593号により，伊東大仁線は2・3・2号伊東大仁線から,3・6・8号伊東大仁線に名称が変更された。

(2) 国道135号バイパスの整備

伊東市では，昭和59年3月30日に一般国道135号バイパスが暫定2車線(計画では4車線）で開通し，その後，昭和62年7月ころ，4車線に整備され，供用が開始された。

この国道135号バイパスの整備に合わせて，110メートル区間の整備を行うよう伊東市議会議員に働きかけた住民もいたが（甲66の1頁），県と市のどちらが事業主体として事業を進めるか調整がつかなかったことから，110メートル区間の整備は行われなかった（戸塚233項 （以下証人尋問調書な

どを引用するときには「項」を省略する。), 甲16の2・17頁)。

なお, 第2次伊東市総合計画昭和61年度〜昭和75年度においては,「特に, 国道135号バイパスと市街地を接続する幹線道路の早期整備を図る」とされていた(丙7)。

(3) 説明会の開催等

伊東市は, 上記のとおり住民の要望もあり, また第2次伊東市総合計画においても「幹線道路の早期整備を図る」とされていたことから, 4車線化された国道135号線バイパスに接続する伊東大仁線の110メートル区間について整備することとし, 昭和63年7月7日（ただし, この日は, 住民全員ではなく, 区長, 町内会長, 副会長, 会計, 組長等が対象であった。甲47), 同年9月6日, 平成元年4月25日, 同年8月11日, 平成2年3月29日, 同年5月31日, 同年8月24日, 平成3年2月26日の合計8回にわたり, 110メートル区間の住民等に対して, 地元説明会を開催した。

これら説明会では, 当初は110メートル区間を幅員11メートル, 16メートル, 17メートル, 20メートルで整備するという各案が住民に提示され, 住民に対して測量への協力の依頼が行われたが, 平成2年3月29日の説明会以降は17メートルに拡幅する案の説明がなされた(甲46の1 甲47, 深澤第6回口頭弁論調書(以下「6回」などと略記する。)。

なお, その後は, 地権者との個別交渉に重点が置かれたため, 平成7年7月まで説明会は開催されなかった。

(4) 基本計画の策定

伊東市は, 平成2年3月,「平成元年度伊東市中心市街地地区更新基本計画」(以下「基本計画」という。) を策定した。基本計画は, 近年の社会経済の変化が伊東市の商業, 観光業に影響を与えていること, 中心市街地が交通渋滞, 商業活動の停滞, 建築物の老朽化等々の問題を抱えていること, さらに, 昭和63年12月15日に伊東市松原地区において大火事(松原大火)が発生したことから, 公共的見地から都市の安全性を高め, 再開発手法を基にした出湯のまちにふさわしい観光都市を形成するための方向付けを行う目的で策定されたものであり, 伊東市中心市街地約30ヘクタールを対象とするものであった(乙9)。基本計画では, 市街地内交通に関しては, 国道135号バイパスと伊東大仁線のT型道路で通過交通を処理し, 通過交通と域内交通

を分離することが考えられており，交通量調査を行った上で，都市計画道路の見直しを行うこととされ，伊東大仁線は全線で16メートル又は17メートルに幅員変更することが検討されていた。また，基本計画では，幹線道路は初動期，発展期，充実期の3期に分けて整備を行い，初動期においては，現在，地元説明会に入っている伊東大仁線を幅員17メートルで国道135号バイパスまで拡幅延長し，広域交通をT型道路で受けることが計画され，さらに，整備プログラムの項目では，緊急整備地区として，伊東大仁線と伊東駅海岸線の国道135号から国道135号バイパスまでを拡幅整備することが急務であると位置づけられ，特に伊東大仁線の拡幅整備（国道135号から国道135号バイパスまで）が短期に整備されるべき優先度の高いものとされていた（乙9）。

(5) 個別の意見聴取

伊東市は，上記説明会を行っていた最中の平成2年10月から12月にかけて（15人。意見聴取等をした人数。以下同じ。），さらに，説明会が行われなくなった平成3年4月から6月（16人），平成3年10月から12月（9人）平成4年6月から7月（4人），平成7年9月（7人）等に，地権者等と面会又は電話により，個別に意見を聴いた。地権者の意見は分かれており，17メートルの整備に反対する者，計画に賛成する者及び代替地又は補償を希望する者がいた（丙5の1から3）。

伊東市は，昭和63年ころから伊東大仁線の測量を業者に依頼し，地元説明会が中断していた平成4年から6年にかけても，測量，建物調査，不動産鑑定等を業者に依頼していた（甲38の2）。

なお，伊東市は，平成7年度に，市の単独事業（市道松原葛下3号線改良事業）として，110メートル区間で69.50平方メートルの用地買収を行ったが，この用地は幅員11メートルの原計画決定ではほとんど道路にかからない（甲37の1及び2，甲38の1）。

(6) 道路網計画の策定

平成6年3月，伊東市により，平成5年度都市計画道路網計画調査業務委託報告書（道路網計画）が作成された。この調査は，同市の道路網計画は，原計画決定から30年以上経過し，現状の交通体系にそぐわないものになっているとして，社会経済の変化に対応し，観光都市としての交通基盤整備の必

要性から，伊東市における将来道路網（平成22年度）のマスタープランの策定を目的とするもので，その将来道路網のうち整備推進を図り，早期に都市計画決定を進めるべき整備優先道路網を検討し（中期道路網：平成12年目標），さらにその主要交差点における交通流動等の交通特性の分析を行うもので，伊東市全域地を対象とするものであった（甲59，丙1,13）。

道路網計画は，①地域現況等調査，平成3年度市内交通量調査及び平成2年度道路交通センサスデータに基づき現況を分析するなどして，道路整備課題を抽出し，これに，②上位計画を整理したものを加味して，整備目標と将来像を立て，将来フレームを設定し，将来交通需要推計などを基に，将来交通体系の基本構想を立案し，③基本構想を基に交通体系計画案を立案し，将来交通需要推計に基づく将来配分交通を考慮し，評価を加えながら，将来道路網マスタープランの策定を行い，④このマスタープランに基づき，道路網整備計画案を策定し，将来交通需要推計を基に立案された都市計画決定道路網計画案により，早期に整備等が必要な路線については交差点流動解析を行い，⑤今後の課題をまとめるという全153頁の報告である（甲59）。

平成22年度を目標年次として立案された基本計画道路網（マスタープラン）の中では伊東大仁線は都心部において都市軸を形成する幹線道路と位置づけられ（甲59，丙1），伊東大仁線の110メートル区間を含む区間の整備は，混雑区間の解消効果，走行負荷，観光地としての町並み形成及び歩行者の安全確保の必要，近い将来の着工予定，現況の進捗度，投資効果などによる評価を経て，優先度が高いとされた（甲59）。

(7) 都市計画道路伊東大仁線都市計画変更資料作成業務委託報告書（計画変更資料）の作成

伊東市は，平成7年8月，伊東大仁線の未整備区間の早期開通を図り，また，構造令の一部改定（歩道幅員）を踏まえた道路幅員の確保を図るため，未整備区間を現在の標準幅員11メートルから17メートルに計画変更するための基礎資料を作成する目的で，伊東大仁線を調査対象とし，110メートル区間を特に検討を行う区間とし，計画変更資料を作成した（甲60）。

計画変更資料は，道路網計画を基に，その他の上位計画，現況特性（路線の現状，沿道土地利用，立地施設状況，交通量），平成12年の将来交通量予測などを考慮して，整備の必要性を検討し，今後の課題を整理するという構

成の報告書である（甲60）。

なお，計画変更資料は，断面需給バランス，大気汚染指標，アクセスビリティ，交差点解析の4つの面から整備の必要性を検討しており，特に交差点解析によると，当該路線から国道135号バイパスへの流入部は，右左折混用車線では容量オーバーとなるので，右折車線を設ける必要があること，右折に必要なレーン長は最小50メートルであるが，未整備区間が110メートルであるから，約55パーセント（原文のまま）のみを整備するよりも未整備区間すべてを幅員17メートルで整備する必要が高いと結論づけた（甲75）。

なお，この交差点解析は，110メートル区間の予測交通量は，目標年次である平成22年の4100台/日ではなく，平成12年の8200台/日を用いている。

(8) 伊東市と県との協議の状況と説明会の開催等

ア　伊東市と県は，平成7年ころから，110メートル区間の整備についての本格的な協議を始めた（甲16の3・4頁，深澤7回 47，深澤8回 57，戸塚148，乙24・8頁）。

当初，伊東市は110メートル区間についてのみ都市計画の変更をすることを主張していたが，県は伊東大仁線全線の変更をすべきであるとの意見を持っていたので，この間の意見調整が行われていた。平成7年4月に深澤が都市計画課長に就任した当時は，県は，全線の変更が無理であっても，伊東大仁線と伊東駅前からほぼ真っ直ぐに南下する道路（南口線）を利用した環状道路網の形成を考え，少なくとも伊東大仁線のうち360メートル区間（110メートル区間を含む。）の計画変更をすべきであるとの意見を強く主張し，伊東市と県との間で変更区間を110メートルとするか360メートルとするかで結論は決まっていなかった（深澤6回 23，戸塚146以下）。

イ　伊東市は，平成7年7月27日から地元説明会を再開し，以後，平成8年9月19日まで，合計8回の説明会を開催した。

ウ　平成7年7月27日の説明会で，伊東市は，110メートル区間の幅員を17メートルとする案など3つの異なる案を示して，市としては17メートルの案で事業を進めたいとの方針を説明した。なお，冒頭のあいさつの中で，市建設部長は幅員11メートルの計画決定のままでは，国県の補助が付かないことになり，事業を市の単独で施行するには莫大な資金が必要となる

ので, 事業化に移すことはできない旨の発言をした（甲46の1, 甲48の1の2及び4, 甲61, 丙8の1, 深澤6回87）。

エ　平成8年4月18日の説明会に先立って, 県と伊東市の協議が行われたが, この協議では, 伊東駅海岸線, 伊東駅の正面から出てくる道路（南口線）, 135号バイパス, 伊東大仁線の4線による伊東市中心街の環状道路を整備する必要があるので, 360メートル区間を変更するという案が伊東市と県の間で形成された（戸塚159）。

オ　この協議結果を受けて, 伊東市は, 平成8年4月18日の説明会で, 国道130号バイパスから伊東園ホテル前までの360メートルの区間（以下「360メートル区間」という）を変更区間とするという案を提示した。市の担当者は, 360メートル区間の変更をする理由として, 県との折衝で, ①市は110メートル区間の変更を要望したが, 都市計画上の全市的な観点を考慮する必要があるとして聞き入れられなかったこと, ② 伊東駅海岸線等とのつながりを重視すべき旨の指導を受けたこと（丙8の1及び2, 甲61）を挙げた。

カ　平成8年5月15日, 伊東市議会伊東線複線化・国道等交通対策特別委員会（以下「特別委員会」という）が開かれ, 市当局が360メートル区間について今年度内に都市計画変更決定をすることを考えていることを説明した。これに対し, 委員から360メートル区間だけ変更する理由が尋ねられ, 市当局は, 本来的には伊東大仁線全線1320メートルの都市計画変更決定をしたいが, 地元の理解を得る期間が必要であり, バイパスと市中心部のアクセスを向上させるためにはどうしても110メートル区間の拡幅が必要であり, また, 変則的ではあるが, 南口線, 国道135号線, バイパスとのすべての交差点に右折レーンを設けて交通の流れを良くするため, 360メートル区間の計画変更決定をして未改良区間を早く開通させたいと考えているとの説明をした。また, 都市計画変更がなされ, 県の事業になるのであれば, 用地買収は県が行い, 市は手伝うことになるとも答弁した（甲16の2）。

キ　伊東市は, 平成8年5月20日, 初めて360メートル区間の住民を対象とする説明会を開催し, その後, 同年7月9日,7月30日にも説明会が開催されたが, これらの説明会では, 360メートル区間の住民から同区間の計

画変更に対しては反対意見が出された（丙8の1及び2，甲61）。

平成8年7月30日の説明会では，国県の補助のために17メートルにするのかという住民の質問に対し，市の担当者は，市の単独でやれないこともないが，17メートルであれば補助金が利用できる旨の発言をした（丙8の1及び2，甲61・7頁）。

また，平成8年8月20日の説明会では，伊東市から，既に幅員11メートルになっている改良済み区間の17メートルへの拡幅には反対が強いことから，県に対して110メートル区間のみの変更ができるよう働きかけている，交差点解析の結果によれば交差点改良をしなくてもよいので，360メートル区間ではなく，110メートル区間の変更をお願いしている旨の説明がなされた（丙8の1及び2，甲61）。

なお，伊東市は，平成8年7月22日，業者との間で，伊東大仁線の測量業務，設計業務，用地調査業務等の委託契約を締結した（甲16の4）。

ク　特別委員会が平成8年8月28日に開かれ，市当局は，360メートル区間のうち改良済み区間の住民の反対が強いこと，市は110メートル区間だけでも整備できるよう県に再三お願いしてきた経緯があり，この部分だけを整備できるよう努力したいが難しい状況であること，110メートル区間の整備は国や県でやってもらうのが望ましいが，市は本年度も用地買収を進めていく予定であること，（110メートル区間を解決するという）市の要望に最大限近づけるよう県に要望し，来年度に予算化，平成10年に事業開始をしたいことなどを答弁した（甲16の3）。

ケ　このような状況のもと，県と伊東市は，協議の結果，360メートル区間の地権者などに対する地元説明会の回数が少ないことから，360メートル区間の幅員を変更するのは時期尚早であると判断した。そこで，伊東大仁線と国道135号バイパスを連結する緊急性が高いことを踏まえ，まず，伊東大仁線と国道135号バイパスを接続して道路ネットワークとして機能させ，また，伊東大仁線と国道135号の交差点にも右折車線を設けることにより，同交差点においても安全円滑に交通処理するため，起点から180メートルの区間について都市計画の変更をすることとした（乙24・3頁，戸塚91以下）。

コ　平成8年9月19日の説明会（なお，この説明会の案内は，標題は従前と

同じ「都市計画道路伊東大仁線の地元説明会開催について」であり，本文の中で「先頃，県との協議内容の中間報告をしましたが，県の関係部所（原文のまま）による協議結果がでましたので再度報告会を開催することにいたしました。」と記載されている（甲48の7の1）。）では，市は，国道135号バイパスから旧静岡銀行前までの180メートルの区間（本件変更区間と同一であるが，以下，変更決定に至るまでについては「180メートル区間」ともいう。）の都市計画変更案の提案をした。

この説明会では，伊東大仁線に関する測量業務を伊東市から受注していた業者（甲38の2）が180メートル区間変更の案は仕方ないとの発言をしたり，地権者が測量及び補償について質問をしたが，一方では，歩道の幅が途中で変わることに対する疑問が出されたり，原告島田が幅員11メートルのままでよいとの反対意見を述べるなどした。なお，市の担当者が手続の説明をしたが，その中には公聴会という制度があるとの説明もあった（丙8の1，甲61）。

なお，伊東市の平成10年度の補正予算では，測量及び補償について質問した地権者に対する建物の補償及び土地開発公社の用地購入に関する支出が含まれており，市議会で同予算は可決されたが，住民監査請求がされたことなどから，上記予算については取下げの措置がなされた（甲77）。

(9)　本件変更決定のための手続

ア　伊東市は，平成8年10月4日，熱海土木事務所と計画図(案)による区域，区間，形態及び国道との接道について下協議を行い（甲49の2の4）熱海土木事務所は，同年12月5日，変更計画について了承した(甲49の2の5)。

また，伊東市は，同年11月5日，市街地整備課街路係等と下協議を行い，同日口頭で応諾をもらった（甲49の2の4）。

伊東市長は，同年11月5日 静岡県都市住宅部長に対し，伊東国際観光温泉文化都市建設計画道路の変更について（事前協議）と題する書面を送り，原案の事前協議を行い（甲49の2の1）説明会の開催状況も報告した（甲49の2の3）。

イ　なお，特別委員会が平成8年11月1日に開かれ，市当局は，地元説明会において，幅員11メートルになっている改良済み区間の拡幅は時間をかけて議論すべきである，110メートル区間と改良済み区間は分けて議論す

べきであるなどの意見が出ていることを県に報告したところ，県から都市計画上又は道路管理上，180 メートル区間の変更が最大限の譲歩であるとの回答があったので，市は 110 メートル区間だけの変更は無理と判断し，9月 19 日の説明会で地権者に変更区間を 180 メートルとする最終案と測量の実施を提案し，了承されたと答弁した。また，市当局は，地権者とは具体的な用地交渉等の折衝はしていないが，一部の地権者はなるべく早く建物等を建て替えたいとの意向を持っており，県からもその意向に沿うべく平成 9 年から努力すると言われているが，国庫補助事業となるため，初年度から大幅な予算が認められるかはっきりしないと答弁した（甲 16 の 4）。

ウ　伊東市長は，平成 8 年 12 月 26 日，被告に対し，法 21 条 1 項の変更を申請し（甲 49 の 3 の 1），被告は，同年 12 月 27 日，伊東市長に対し，伊東大仁線変更についての意見照会をした（甲 47）。

伊東市長は，平成 9 年 1 月 14 日，伊東大仁線変更案について同市都市計画審議会に諮り，同日，伊東市都市計画審議会が開催された。その結果，同月 16 日，審議会は伊東市長に対し，伊東大仁線の変更案について原案のとおり進めるのが適当である旨答申した（丙 10 の 1，甲 49 の 3 の 3）。

エ　伊東市都市計画課長は，被告が公聴会を開催しない方針であることを知り，平成 9 年 1 月 17 日地権者らに対し，平成 8 年 9 月 19 日の説明会で話した公聴会は行わず，被告に対する意見書の提出で対処したいとの通知を出した（甲 31）。

オ　平成 9 年 1 月 21 日から 2 月 4 日まで，変更案の縦覧が行われ，36 名が縦覧した（甲 47）。被告に対し 30 件の意見書が提出された（甲 47）。

カ　特別委員会が平成 9 年 2 月 10 日に開かれ，市当局は，伊東大仁線の都市計画変更手続について，被告に対し 30 件の意見書が提出されたことを報告した。また，委員からの質問に対し，伊東大仁線全線の幅員を 16 メートルとして事業化したいが，平成 8 年度から都市計画道路の見直し作業を進めており，その案を平成 11 年度末にまとめ，その後地元説明会等を開くことを考えていること，意見書は未改良区間について 17 件，改良済み区間について 8 件提出されていること，公聴会は県の指示で実施しなかったことを答弁した（甲 16 の 5）。

キ　平成 9 年 2 月 17 日，伊東市都市計画審議会が開催され，住民の意見の要

旨が報告され，審議が行われた。審議会会長は，伊東市長に対し，縦覧した地権者からの意見内容の報告を受けたが，当審議会においては，原案のとおり進められることが適当であるとの確認をしているとの報告をした（甲49の3の5，丙10の2）。

ク　これを受けて，伊東市長は，平成9年2月17日，県知事の意見照会に対し，異存なしとの回答をした（甲49の3の2）。

ケ　被告は，平成9年3月17日，静岡県都市計画地方審議会に伊東大仁線の変更案を付議し，同審議会から原案のとおり進めるようにとの答申を得た。同審議会には，乙14の「意見書要旨」が提出されていた（甲49の4）。

コ　被告は，伊東大仁線のうち起点伊東市東松原町から国道135号線との交差点部までの約180メートル区間において，幅員11メートルから幅員17メートルに変更するという内容の本件変更決定をし，平成9年3月25日付静岡県公報第840号により告示（静岡県告示第313号）した。

本件変更決定には，本件変更決定の理由は「増大する自動車交通を円滑に処理し，安全，快適な歩道空間を確保するため」であると記載されていた。

2　以上の認定事実によって判断する。

(1)　裁量権の逸脱について

法13条1項本文は，都市計画基準につき，都市計画は，当該都市の特質を考慮して，都市施設の整備に関する事項で当該都市の健全な発展と秩序ある整備を図るため必要なものを，一体的かつ総合的に定めなければならない旨規定し，都市施設に関し，同項6号において，「都市施設は，土地利用，交通等の現状及び将来の見通しを勘案して，適切な規模で必要な位置に配置することにより，円滑な都市活動を確保し，良好な都市環境を保持するように定めること。」と規定している。都市計画の基準が，このように一般的かつ抽象的な基準であるのは，都市施設の適切な規模や配置といった事項を一義的に定めることができないことから，様々な利益を比較考量し，これらを総合して政策的，技術的な裁量によって決定せざるを得ないからである。したがって，このような判断は，技術的な検討を踏まえ，一つの政策として都市計画を決定する行政庁の広範な裁量に委ねられているというべきであって，都市施設に関する都市計画の決定は，行政庁がその決定について委ねられた裁量権の範囲を逸脱し又はこれを濫用したと認められる場合に限り違法となるものと

解される。

このような観点から考えてみると，本件では，伊東大仁線のうち110メートル区間だけが未整備で，幅員2.5メートルから4メートルの一方通行となっていたが，国道135号線バイパスが4車線で供用開始となった昭和62年7月ころ以降は，同バイパスと国道135号線の間に相当する110メートル区間の整備が特に優先度の高いものとされてきたこと，一部住民の要望があったことなどから，伊東市はこの110メートル区間の整備を検討し，国からの補助が予想される道路幅員の17メートルで行おうと考えたが，同幅員と整備済み区間の幅員11メートルとの相違は，幅員3メートルの右折レーンを設け，並木を入れて歩道幅員を1.5メートルずつ拡幅した点にあること，伊東市は，当初110メートル区間だけを整備しようと考え，地元住民に対する説明会も同部分関係者を主として行っていたが，県は伊東大仁線全線の整備を主張し，伊東市との調整が行われたこと，その調整の中で，伊東大仁線と駅南口線，伊東駅海岸線との環状線形成を目論み，伊東大仁線のうち110メートル区間を含む合計360メートル区間の整備が検討されたが，この案も，同区間の関係住民等への説明が不十分であったことから，最終的な案として，110メートル区間に加え，国道135号線への右折レーン設置に必要とされる部分を加えた距離にほぼ相当する180メートル区間の整備が伊東市と県の間で合意されたこと，以上の事実が認められるのである。そうすると，被告の行政判断の前提として，110メートル区間を整備することが必要であると考えた伊東市の判断は十分に理解できるところであるし，それが県との調整や地元住民への説明状況等を考えて，最終的に，被告の判断として，国道135号線バイパスだけではなく，国道135号線への右折レーンも設置することとされ，そのために必要とされる合計180メートル区間の整備となったことも，やむを得ない判断であったといわなければならない。さらに，この間を幅員17メートルで整備するという判断も，国からの補助が期待できた他，右折レーンを設けたことと歩道を拡幅したためであるが，右折レーンを設けることについては現在の交通事情を考えれば，一般的には必要と考えられるものであるし（ことに，最終的に180メートル区間の整備となったのは，右折レーンの設置が重要な要素であったのは上記のとおり），歩道の拡幅についても，伊東市の幹線道路を整備し，歩行者の安全も考慮しながら街並みを整えるとの観点から

は好ましいものと考えられるのであって，少なくとも，その判断が被告の裁量権を逸脱しているということはとうていできないというべきである。

(2)　ところで，本件変更決定には，理由として「増大する自動車交通を円滑に処理し，安全，快適な歩道空間を確保するため本案のとおり変更する」と記載されている。

これに対し，原告らは，5年ごとの基礎調査の実施を定める都市計画法6条の趣旨等からして，40年前の交通量等と対比しても計画変更上の根拠とはならないと主張し，各種調査結果等によれば，かえって伊東大仁線の交通量が減少傾向になることが予想されるから，上記変更理由は成り立たないとして裁量権の逸脱又は濫用を推認させようとしている。

しかし，法21条1項は，法6条1項による基礎調査等の結果都市計画を変更する必要が明らかになったときのみならず，その他都市計画を変更する必要が生じたときには，遅滞なく，当該都市計画を変更しなければならないと定めているから，基礎調査の結果変更の必要性が生じた場合以外にも法は都市計画の変更を認めていることは明らかである。また，本件変更決定は，原計画決定の変更としてなされたものであるから，自動車交通の増大があったかどうかは，被告主張のとおり，原計画決定時と比較してなされるべきものであって，5年ごとの基礎調査の数値と対比すべきものではない。

もっとも，都市計画の策定と実施を適切に遂行するために，都市の現状，都市化の動向等についてできるだけ広範囲なデータを把握する必要があることから，法6条1項が，要旨，おおむね5年ごとに，人口規模，産業分類別の就業人口の規模，市街地の面積，土地利用，交通量その他の建設省令で定める事項に関する現況及び将来の見通しについての調査を行うものとするとしていることからすれば，都市施設に関する都市計画を決定するについて，法13条1項6号に定める「土地利用，交通等の現状及び将来の見通しを勘案」する際には，基礎調査その他の実証的なデータに基づいて判断される必要がある。したがって，交通等の現状及び将来の見通しの判断の前提となった資料に合理的な根拠がなく，著しく不合理な予測をしている場合には，同資料に基づく政策判断が，行政庁に与えられた裁量権の範囲を逸脱しているとされる場合もあり得る。

そこで，前記のとおり行政庁の判断は一応理解できるものというべきであ

るが，さらに，この観点から，被告が本件変更決定の基礎とした資料について，原告らの主張をふまえて，詳しく検討する。

ア　道路網計画

（ア）　伊東市が平成6年3月に作成し，伊東市における平成22年度の将来道路網（平成22年度）のマスタープランの策定を目的とした道路網計画では，伊東大仁線は都心部において都市軸を形成する幹線道路と位置づけられ，目標年次平成12年の中期道路網計画では，伊東大仁線の110メートル区間を含む区間は整備の優先度が高いとされている。この道路網計画は，伊東市，ひいては被告が，本件変更決定の手続にあたって参酌した資料である。

ところで，一般的に，交通計画の策定にあたっては，①調査及び分析，②予測及び計画の定式化，③計画が効率的，効果的であるかどうかの評価の各段階を踏まえる必要があり，①は②に至る前提として不可欠であると考えられている（甲27）。また，将来の交通量は（イ）現在の交通量＋他の道路からの転換交通量＋他の交通からの転移交通量からなる基本交通量と（ロ）自然増加交通量＋新しい道路等による誘発交通量＋沿道区域の開発等による開発交通量からなる増加交通量によって成り立っているが，このうち，現在交通量が基本交通量の基本となるものであるから，現在交通量の調査が重要となる（甲27）。

そして将来交通量推定は，いわゆる4段階推定法が最も標準的，基本的な手法といわれており，この手法は①経済指標（推定年次の人口，業種別就業人口，工業生産高等），②発生交通量（特定区域（ゾーン）の人口，施設の増加等を含む経済成長度合いから発生すると考えられる交通量），③分布交通量（発生交通量のうち対象ゾーン間に振り向けられる交通量の分布を求める），④配分交通量（2つのゾーン間のどのルートを走行するかを推定し配分する）の4段階の推定により将来交通量を推定するというものである（甲27）。

（イ）　上記道路網計画は，まず，①交通量調査等に基づき現況と課題を分析し，②将来交通需要推計等に基づき将来像と交通体系を立案し，③交通体系計画案に評価を加え，その結果を交通体系計画案にフィードバックしながら，将来道路網マスタープランを策定し，④最終的に整備計画

をまとめるという手順で作成されており(甲59), 上記交通計画策定にあたっての手順に従っており, 手法に不合理な点は見いだせない。

(ウ)　次に, 現況分析に用いた調査資料について見ると, 証拠が一部しか提出されていないので不明確な部分もあるが, 少なくとも平成3年度市内交通量調査, 平成2年度道路交通センサスデータを参照しており（甲59), 基礎調査を一応踏まえているといえる。

(エ)　さらに, 予測の手法を検討すると, まず, 伊東市全体の将来発生集中交通量を, 中部地建（建設省中部地方建設局）の推計値に基づいて, 平成2年の18万1702台／日が平成22年には23万5621台／日に増加し, 伸び率は130パーセントになり, 中でも普通貨物車の伸びは約1.5倍となると予測している(甲73)。

そして, 伊東市を25のゾーンに分割し, ゾーンごとに可能収容人口を算定し, これから現況のゾーン別人口を控除して, 今後収容可能な残収容人口を算出し, 将来の伊東市全体の人口増加分を各ゾーンの残収容人口の占める割合に応じて配分し, 将来ゾーン別人口を予測し, 将来の伊東市における総発生集中交通量（中部地建推計値による）を将来ゾーン別人口に応じて各ゾーンに配分している（甲73)。

以上のとおり, 道路網計画は, 上記の基本的な手順に一応したがっており, 手順自体には不合理な点は見いだせない。

もっとも, 上記の手法は, 単に各ゾーンの予想される用途と面積のみに基づいて可能収容人口を算出しているので, 可能収容人口の予測は確度の低いものになっているし, 人口の増加分が残容量に応じて各ゾーンに配分しているので, 旧伊東地区のように人口が減少している地域ほど残容量が大きくなってしまい, 本件変更区間などが含まれる旧伊東地区(湯川・松原・玖須美・新井・岡・鎌田)は, 昭和50年ころをピークに人口が減少を続けていたこと(甲22), 第5次基本計画でも旧伊東地区の一部では人口が減少すると予測していたこと(甲74)に反している(甲81・2頁)。

そのため, 将来の各ゾーンごとの発生集中交通量の推計は確実性が低いものになっており, 人口減少傾向が続いている伊東大仁線が属するゾーン（甲73・48頁の1-11-5)の発生集中交通量の伸び率がそれぞれ140

パーセント,152パーセント増と,他の地域の増加率と比べて高くなっている。しかし，道路網計画が採用した方法が発生集中交通量の予測に用いられる一手法ではあること，また，全市の各ゾーンごとに発生集中交通量を配分するには手間がかかるので，簡易な方法を用いることもあり得ることからすれば，道路網計画が著しく不合理な手法を採用したとまではいえない。

（オ）　人口予測の問題点

道路網計画は，伊東市の将来人口の推計を，昭和45年から平成2年までの推移に基づいて，人口及び就業人口の双方のトレンド分析（3種類の分析法を用いている）を行い，この結果に上位計画フレームとの整合を図って，将来人口を設定するという手法で行っている。具体的には，平成22年の人口トレンドは，最小で7万8300人，最大で8万0700人，平成22年の就業人口トレンドは8万4800人であった。これに対し，上値位計画における将来人口は，近い将来10万人都市を目指すという目標である第二次伊東市総合計画第5次基本計画の10万人，国土利用計画7万7500人（平成17年度），第5次基本計画及び基本計画の8万の5000人（平成12年度）であった。そこで，平成12年度の将来人口は最新の上位計画である国土利用計画を基に7万7500人としたが，平成22年度の将来人口は，上位計画（第5次基本計画及び基本計画）の平成12年の将来人口8万5000人をそのまま適用している（丙1）。

このように，道路網計画は，平成12年度の将来人口の設定ではより新しい計画である国土利用計画を参照したのに，平成22年の予測では古い計画である第5次基本計画等を参照し，しかも，予測する年度の平成22年より10年も前の予測数値を参照している（上位計画には平成22年度の人口の予測値が定められていないので平成22年より前の年度の数値を参照するのは仕方のない面もある。）。

そのため，道路網計画の人口予測は高めに設定されてしまっている問題があるが，それでも上位計画の予測数値を上回ってはいないので，著しく不合理とまではいえない。

（カ）　伊東市全体の発生集中交通量の予測に関する問題点

ところで，道路網計画の中では，伊豆地方の発生集中交通量と人口・

就業人口の相関はいずれも0.998と高いとする（甲73）一方で，前記のとおり，平成22年の伊東市全体の発生集中交通量は平成2年に比べて130パーセントの増加となるとしている。

平成2年の伊東市の総人口は7万1223人であり（甲78），道路網計画における平成22年の予測人口は8万5000人であるから，人口の伸び率は約1.2倍弱であるのに，これより高い発生集中交通量を設定したことを原告らは問題としているが，前記（ア）のとおり，発生集中交通量の予測では人口以外の要素も考慮されること，国の機関の予測した結果に依拠することで上位計画との整合性をとることができることから，人口の増加率よりも発生集中交通量の増加率を高く設定したことが，必ずしも不合理であるとはいえない。

（キ） まとめ

以上のとおり，道路網計画は，その策定根拠となった数値，例えば伊東大仁線に関する発生集中交通量の推計などにやや慎重さを欠くといえる部分があるが，全体としては明白な誤認，著しい不合理な判断はない。

イ 計画変更資料

（ア） 計画変更資料は，伊東市が平成7年8月に，伊東大仁線の未整備区間の早期開通を図り，また，構造令の一部改定（歩道幅員）を踏まえた道路幅員の確保を図るため，未整備区間を現在の標準幅員11メートルから17メートルに計画変更するための基礎資料を作成する目的で，伊東大仁線を調査対象とし，110メートル区間を特に検討を行う区間とし作成したものであり，本件変更決定の直接の前提となる資料である。

（イ） 計画変更資料は，道路網計画を上位計画としており，道路網計画で策定したマスタープランにおける将来交通量予測結果によると，平成22年における伊東大仁線の利用交通量は，4100台／日から1万3000台／日（発生集中にノードがある）であり，国道135号バイパスから大樋上耕地線までの区間距離による加重平均は8000台／日であり，110メートル区間は4100台であると道路網計画を整理している（甲60）。

他方，将来交通量予測は，道路網計画における平成12年の配分交通量を基準として行っている（甲75，甲80・145頁参照）。すなわち，110メートル区間が未整備の場合は，110メートル区間の交通量は0台（単位百

台）/日であり，国道135号バイパスから大樋上耕地線までの区間距離による加重平均（加重平均交通量から110メートル区間の分は除く。）は，1万1600台/日である。これに対し，110メートル区間が整備されると，110メートル区間の交通量は一日あたり8200台/日であり，国道135号バイパスから大樋上耕地線までの区間距離による加重平均は1万2500台/日である（甲75）。

なお，伊東市における発生集中交通量は，平成2年から平成22年までに率にして1.3倍も伸びるのに，伊東大仁線の利用交通量が平成12年より平成22年の方が減少するのは，市街地の南側に4車線の環状道路が整備されることにより，市街地内へ流入していた通過交通が排除されるためであるとしている（甲75・25頁）。

上位計画の将来交通量予測結果を基にしたこと自体が不合理な手法ということはできないが，道路網計画の伊東大仁線の交通量予測が個々の推計の過程で大きくなっているので，計画変更資料の予測交通量もやや過大に設定されているきらいがある。

（ウ）　平成12年の計画交通量を基に交差点解析を行っていることについて交差点解析は，110メートル区間の予測交通量については，目標年次である平成22年の4100台/日ではなく，平成12年の8200台/日を用いている。

原告らは，交差点解析は，目標年次の計画交通量を基準に行い，副次的に中間年次の検討も行うのが一般的であるので（甲81），計画変更資料が目標年次ではなく中間年次の推計交通量を基に交差点解析を行っているのは問題であると主張している。

しかし，仮に原告ら主張のとおりの手順で解析を行うのが一般であるとしても，道路網計画では，市街地の南側に4車線の環状道路を整備する計画が実現する結果，市街地内へ流入していた通過交通が排除されるために伊東大仁線の交通量が減少すると予測しているのであるから，環状道路が整備されるまでの間に110メートル区間で交通処理ができなければ，市内の道路交通に支障を来すと考えられるので，平成12年の計画交通量を基に交差点解析をしたこと自体が明らかに不合理であるとはいえない。

また，交差点の交通量を長期にわたって正確に予測することは困難なことが多いから，より確実な短期の計画交通量を基に交差点解析を行っ

たことが著しく不合理であるとまではいえない。

(エ) 信号サイクル

a 計画変更資料は,交差点解析によると,伊東大仁線から国道135号バイパスへの流入部は,右左折混用車線では容量オーバーとなるので,右折,左折の2レーンを設けて算定を行った結果,容量オーバーは解消されるが,現在の11メートルの幅員のままでは歩道幅員も合わせて2レーンを確保することはできず,また,右折に必要なレーン長は最小50メートルであるが,未整備区間110メートルのうち約55パーセント(45パーセントの誤記であろう。)を整備するより,未整備区間110メートルすべてを幅員17メートルで整備する必要が高いと結論づけている(甲75)。

b 信号交差点計画の設計条件では,国道135号バイパスの幅員は16メートルとされている(甲45の2・25頁の流入部A,流入部Bの幅員合計)。ところで,交差点解析にあたって,国道135号バイパスと伊東大仁線の交差点の信号サイクルは60秒に設定され,青信号の時間は,国道135号バイパスが30秒,国道135号バイパスの宇佐美から川奈方面へ向かう車線の右折が5秒,伊東大仁線が15秒にそれぞれ設定されている(甲45の2の27頁,甲84)。

交差点解析を行う場合,歩行者の歩行速度は1メートル/秒として,若干の余裕を見込んで,歩行者が安全に横断ができる青信号時間(以下「必要青時間」という。)を設定する(甲81・3頁)。

ところが,計画変更資料の交差点解析における信号サイクルは,上記のとおり,伊東大仁線の青信号の時間が15秒となっているので,青信号の時間が必要青時間より短くなってしまい,歩行者が安全に道路を横断することができなくなってしまっている(甲45の2・27頁)。これは,不合理である。

この点については,原告島田の計算によれば,歩行者が安全に道路を横断することができる信号サイクルとなるように,例えば信号サイクルの時間を60秒より長くして有効青時間を長くし,その分を伊東大仁線の必要青時間に割り振ると,計算によっては,右折車線を設けなくても,交通量が交通容量を上回らないとされる(甲81・4頁)。

（オ） 計画変更資料は，整備の必要性を，断面需給バランス，大気汚染指標，アクセスビリティの面からも検討している。

これらの検討は，いずれも伊東大仁線110メートル区間が現状の未整備のままであった場合と17メートル幅員で整備された場合とを比較し，110メートル区間を整備して伊東大仁線と国道135号バイパスを接続する必要性の根拠となるものであるが，その検討の経過に著しく不合理な点は見いだせない。

ウ 交通量調査の欠如

伊東大仁線と国道135号の交差点の交通量調査は平成3年10月に行ったが，平成8年10月17日には行っていない（争いがない)。原告らは，このことが，基礎調査の実施を定めた法6条1項に違反すると主張する。

しかし，平成8年当時には，伊東大仁線と国道135号線の交差点は110メートル区間が未整備の一方通行であったため，本件変更決定が行われ，整備された後の交通量は大きく変わると予想されたこと，本件変更決定に至るまでには道路網計画において平成3年の交通量調査等を基にした検討が行われていること，平成8年10月17日には，伊東市と県との下協議や地元説明会が開催されるなど，変更決定に向けての準備が相当進んでいたことなどからすると，平成8年10月17日に交通量調査を行わなかったことが，法6条1項に違反するとはいえない。

エ まとめ

以上によると，本件変更決定の基礎となった資料に一部慎重な分析を欠いているものがあるが，全体としては資料が著しく不合理であるということはできないし，これらの資料に基づく政策判断が行政庁に与えられた裁量を超えて著しく不合理なものであったということはできない。

(3) 構造令（平成12年6月7日号外政令312号による改正前のもの）の適用について

ア 法は，都市計画道路の道路構造の基準については定めを置いていないので，道路の構造等に関して定めた（道路法1条参照） 道路法の規定が適用される。

道路法30条は，「道路の構造の技術的基準は，道路の種類ごとに左の各号に掲げる事項について政令で定める」と規定し，この規定に基づき構造

令が定められている。このように，道路法が道路構造の技術的基準について規定したのは，全国的な道路網を形成する道路は相互に脈絡一貫しなければその機能を全うできないので，道路構造について全国的な統一を図る必要があること，また，自動車などの車両の規格との調節を図るなどの必要があることなどを考慮すると，道路の重要な要素である道路構造を道路管理者の自由な裁量に委ねることは適当ではないため，道路の機能に応じて最小限保持すべき構造の基準を法定する必要があるからである。そして，道路の構造が技術的な事項である上，道路交通の発展及び技術進歩に応じて弾力的に変更をする必要があることから，構造令にその細目を委任したものである。

この立法趣旨からすると，道路の構造は道路管理者の自由な裁量に委ねられるものではなく，最小限保持すべき構造の基準である構造令に従って定められなければならないと解される。しかしながら，構造令の範囲内で，最小限保持すべき構造の基準をみたした上で，地域の実情等に応じた道路構造を定めることは，道路管理者の裁量に委ねられるものであって，ただ道路管理者がその裁量を著しく逸脱し，又は，濫用をした場合には違法となるというべきである。

他方，構造令は，道路構造の基準を定めているが，都市部での用地取得の困難さ，地形の状況などの個別具体的な事情に応じて，標準的な道路構造基準の例外を定めている。これらの例外によるか否かについても，標準的な基準によることの困難さに関する判断，設計速度の変更，安全性，快適性への影響等に関する専門的・技術的判断が必要になるから，行政庁の広範な裁量に委ねられているというべきである。

イ　道路法は，道路一般に適用があり，構造令は，道路を新設し又は改築する場合における道路の一般的技術的基準を定めるものであるから，本件変更決定を行う際にも，これを適用しなければならない。

伊東大仁線は，伊東市の市街地に存するので，都市部（構造令２条15号）に存する道路であり，構造令３条１項の表のその他の道路にあたるので，第４種道路の区分に入る。そして，計画交通量（単位１日につき台）が4000以上１万未満に該当するので，構造令３条２項表４により，道路の区分は第４種第２級の道路になる。

本件変更決定と原計画決定で異なるのは,①右折車線3メートルが加わっている点,②歩道が各2メートルから各3.5メートルになっている点である。

ウ　右折車線について

構造令27条2項は,「道路が同一平面で交差し,又は接続する場合においては,必要に応じ,屈折車線,変速車線若しくは交通島を設け,又は隅角部を切り取り,かつ,適当な見とおしができる構造とする」と定めている。

しかし,昭和58年2月発行の道路構造令の解説と運用(以下「解説と運用」という。)326頁(乙18)では,右折車線の設置として,平面交差点には,①右折を認めない場合,②第3種第4級,第3種第5級,第4種第3級 第4種第4級の道路にあって,当該道路及び交差道路のピーク時の処理能力に十分余裕がある場合,③設計速度40km/h以下の2車線道路において,設計交通量が極めて少ない場合を除いて,右折車線を設けるものとして,右折車線は原則として交差点の基本的な構成要素として,すべての交差点に設置するものとしている(なお,解説と運用によると,③の「設計交通　折率が20%未満の場合とするから,伊東大仁線はこれには当てはまらない。)。

このような方針は,構造令27条2項が,屈折車線の設置等により,交差点の交通容量を増大させ,事故の発生を減少させようとした趣旨からは望ましいものであって,決して不合理な取扱いであるということはできない。

原告らは,構造令27条3項が,市街地にある道路の周辺には既に建造物があるなど用地の取得が困難なことが多いことに配慮して,付加車線を設けるために必要に応じて幅員を縮小できるようにしており,屈折車線等を設ける場合には,当該部分の車線の幅員は,(中略)第4種第2級又は第3級の道路にあっては2.75メートルまで縮小することができると定めていることを指摘する。

また,解説と運用(甲57)　324頁では,既設道路において種々の制約によって右折車線としての幅員を確保できない場合であっても,右折車両の分離は,交差点における交通処理に重要な役割を果たすので,右折車線相当の幅員として1.5メートルを確保できる場合には,直進車線との境界標示を施さずに単に1.5メートル以上のふくらみをもたせるとよいとする例も紹介されている。

しかし,前記のとおり構造令27条3項や上記解説と運用の方針を採用し

て幅員を縮小するか否かは，行政庁の裁量に委ねられているというべきであり，幅員を縮小した場合には，交差点付近において設計速度を下げる必要が生じたりすることなどを考慮すると，これらを採用しなかったことが不合理な判断であるということはできない。

エ　歩道について

（ア）　本件変更決定には，理由として「安全，快適な歩道空間を確保する」ことが挙げられている。この点に関し，被告は，伊東大仁線が第4種第2級の道路で，歩道の標準の幅員は構造令11条3項により3.5メートル以上であるが，歩行者交通量が少ないことから，同条4項の規定に基づき，歩道部を2メートルとし，並木の1.5メートルを加え，3.5メートルとしたと主張する。

そこで，歩行者交通量について検討する。

網計画のまとめ（甲11・7頁）には，「通行量調査による歩行者道路交通量を見ると，山間部から海岸部に向かうほど多く，未整備区間の歩道幅員は広幅員とすることがのぞまれる」とある。この根拠は，伊東商工会議所の平成4年通行量調査結果（丙4の1。同年10月に2回実施）に基づく。

しかし，他方，伊東商工会議所の平成8年度街おこし事業報告書（甲22,39の1。同年10月に2回実施）によると，休日の歩行者数は海側が多いが，その差が縮まり，平日の歩行者数は海側が山側よりも少なくなっており，海側の歩行者数に減少傾向が見られる。

しかし，歩行者数が減少しているとしても，被告が歩行者数が少ないことを考慮して，歩道の幅員を2メートルとしているので，その判断が不合理ということはできないし，伊東大仁線の原計画決定のままでは歩道幅員が1.5メートルしかないため，電柱がある部分では歩道上で傘をさした成人同士がすれ違うことが困難であること（乙6写真6）からすれば，歩道の幅員を構造令が縮小可能な幅員として定める2メートルとしたことは裁量の範囲内というべきである。

（イ）　並木

構造令11条の3は，第4種第1級の道路には植樹帯を設けるものとし，その他の道路には，必要に応じ，植樹帯を設けるものとする．と規定

しているから，第4種第2級の道路に該当する本件変更区間には，植樹帯を設けることは必要的でない。

乙18によると，植樹帯は，交通の安全性，快適性を高め，通行環境を向上させ，風致美観を向上させる効果があり，また，大気の浄化など沿道における良好な生活環境の確保に資する機能も有するとされているところ，並木も植樹帯とは目的・幅員等が異なるものの，類似した機能を持つと認められる。

そこで，伊東大仁線に並木を設けることは，交通の安全性，快適性を高めることにつながるといえるので，本件変更決定が「安全，快適な歩道空間を確保する」ことを変更理由としたことには合理性が認められる。

また，伊東市では観光客が減少する傾向にあり（甲22），観光客の誘致が市政の課題となっていたものであり，基本計画策定時にも，街並みが観光都市としての雰囲気に欠けているとの現状認識に基づいて，国際観光温泉文化都市としての市街地景観整備を行うための道路整備が検討されていたものである（乙9）。したがって，並木を設けることは観光地としての風致美観を向上させるなどの効果が期待でき，この点からも一応の合理性が認められる。

なお，原告らは，伊東市・伊東警察署作成の伊東市交通事故マップ（甲53）によると，伊東大仁線での交通事故発生件数は，本件変更区間よりも山側の西小学校付近の方が多いから，本件変更決定の理由が不合理であるとの趣旨の主張をするが，特に110メートル区間を現状のままとしての比較ではほとんど意味がなく，このような比較から本件変更区間での歩行者の安全性・快適性を向上させる必要性がなくなるとはいえない。

オ　小区間改築の特例（甲71）

構造令38条1項は，「道路の交通に著しい支障がある小区間について応急措置として改築を行う場合に（次項に規定する改築を行う場合を除く。）おいて，これに隣接する他の区間の道路の構造が（中略）基準に適合していないためこれらの規定による基準をそのまま適用することが適当でないと認められるときは，これらの規定による基準によらないことができる。」と定めており，原告らはこの特例の適用を主張する。

しかし，同特例により道路構造を定めるか否かは，応急措置を行う緊急

性，構造令の構造基準に従うことの困難さ，その影響などに基づく総合的な判断が必要となるから，行政庁の裁量に委ねられていることは規定の文言からも明らかであって，本件変更決定において，被告が特例の暫定的な応急措置によらず，構造令に従って道路構造を定めたことに，裁量の逸脱があったとはとうてい認められない。

カ　道路の標準幅員に関する基準案（甲24）

構造令の諸規定のみでは，幅員等が多種多様になるきらいがあったため，道路の管理の合理化，良好な都市景観の確保の観点から道路幅員の標準化を図るために，道路の機能に応じた標準的な幅員等を示すものとして「道路の標準幅員に関する基準（案）について」（基準（案））が作成されており，可能なかぎりこれに基づき計画するよう指導がなされている（甲71・161頁，甲24）。

他方で，基準（案）は，地域，地形の状況，その他特別な理由により，やむを得ない場合には，基準（案）によらないことができるとただし書きに規定し，その解説の別添では，都市計画決定済みの道路について，要旨，次のとおりの検討をするとの運用を紹介している。すなわち「(1) 既決定の道路がこの基準（案）による標準幅員以下の場合は，標準幅員まで拡幅することを検討するが，その場合拡幅が困難であり，かつこの基準（案）による幅員と同等の機能を果たし得ると認められる幅員（以下「縮小幅員」という。）以上であれば対応しているものとみなし，既決定の幅員のままで施行する。(2) 既決定の道路が縮小幅員未満であれば対応がないものとみなし，少なくとも縮小幅員まで拡幅して施行する。(3) 前記 (2) の場合において拡幅して施行することが困難なときには，その路線における計画交通量を軽減する等，機能を変更することが可能であるか否かを検討し，変更が可能である場合には横断面構成を改める等の措置を講ずるものとし，変更が不可能な場合にはやむを得ないものとして既計画通りで施行する。」というものである。原告らは，この別添の手順を踏まえていないと主張する。

しかし，基準（案）は通達であるから，行政庁が基準（案）の解説の別添に紹介された方法に違反したからといって，直ちに裁判上の違法の問題が生ずることはないし，また，この方法に違反したからといって，その行政庁の判断が直ちに裁量権の逸脱であるということになるものではない。しかも，

本件の場合には「拡幅が困難なとき」に該当するということも疑問があるというべきである。

(4) 防災機能の向上

基本計画は,昭和63年の松原大火を契機に都市の安全性を高めることも目的の一つとしており,火災時のふく射熱から身を守りながら逃げるためには,ある程度広幅員の道路が望ましいとして,伊東大仁線を避難路の一つとして想定している(乙95頁)。また,伊東大仁線は災害時の二次緊急輸送路に指定されている(乙16)。したがって,本件変更決定により未整備の110メートル区間を含む180メートル区間を整備することで,伊東大仁線の上記のような緊急時の避難路としての機能が高まるということができる。

なお,原告らは,乙9の延焼火災時の避難シミュレーション結果によると,現状のままでも死者が生じなかったことから,防災機能の向上は変更の理由とならないと主張する。しかし,そうだとしても,同シミュレーション結果でも,道路を拡幅した方が早く避難ができるとしているから,防災面からの拡幅の必要性がないわけではない。また,延焼の防止は建物の不燃化と併せて進められるべき(乙9)であるが,道路幅員が広がることで延焼の拡大を防ぎ,消火活動が迅速かつ容易に行えると考えられるから,防災機能が向上するといえる。

したがって,防災機能の向上を理由とすることについても,一応の合理性が認められる。

(5) 都市計画の一体性総合性に反するとの主張について

ア 法13条1項本文は,要旨,都市計画は,全国総合開発計画その他の国土計画又は地方計画に関する法律に基づく計画及び道路等の施設に関する国の計画に適合するとともに,当該都市の特質を考慮して,土地利用,都市施設の整備及び市街地開発事業に関する事項で当該都市の健全な発展と秩序ある整備を図るため必要なものを,一体的かつ総合的に定めなければならないと定めている。

この規定は,急激な都市化を背景に,都市計画における広域性,総合性等の要請が高まっていることを考慮して,このような複雑な要請にも対応し得る適正な都市計画が定められるように,旧都市計画法では定められていなかった都市計画の一般的な基準を明らかにしたものである。そして,同項に定める「一体的かつ総合的」とは,同項が都市計画は全国総合開発計

画等の上位計画と適合することを要請していることに現れているように,国土全体又は一定の地域全体について広域的かつ総合的に定める計画との調和を図るために,国又は都道府県が定める上位計画と矛盾することなく両立する一体的な計画を定めることを要請していると解されるのであり,また,同項各号に掲げるところに従って,土地利用,都市施設の整備及び市街地開発事業に関する事項を定めることとしていることに現れているように,市街化区域・市街化調整区域(同項1号),地域地区(同項2号),促進区域(同項3号),都市施設(同項6号),市街地開発事業(同項7号),市街地開発事業等予定区域(同項8号)などを個別に定めるのではなく,都市の健全な発展と秩序ある整備を図るために必要的なものを都市計画に総合的に定めることを要請していると解される。

イ　原告らは,平成13年4月発行の第2版都市計画運用指針(甲64。以下「運用指針」という。)等を引用して,都市施設(道路等)の都市計画は,将来整備が必要なものを,土地利用や他の都市施設(道路等)の計画との一体性・総合性を確保するように定め,また,これを変更する場合においても,路線や区間ごとの見直しを行うのではなく,基礎調査等の結果や都市の将来像を踏まえ,都市全体あるいは関連する都市計画道路網全体の配置を一体的・総合的に検討する中で変更の必要性を検証し,その理由を明確にして必要なものを変更すべきであると主張している。

運用指針は,本件変更決定後に作成されたものであるが(本件変更当時の運用指針がどのようなものであったか不明である。),その趣旨は,国が都市計画制度をどのように運用していくことが望ましいと考えているか,また,その具体的な運用がどのような考え方の下でなされることを想定しているか等についての原則的な考え方を示し,これを各地方公共団体が都市計画を決める際に活用してもらうために作成されたものであり,地方自治法の規定に基づく技術的助言の性格を有するものであるから,運用指針に違反したからといって,違法となるものとはいえないし,また,そのような政策決定が直ちに行政庁の裁量権逸脱との判断に結びつくものでもない。

また,運用指針は,基礎調査等の結果や都市の将来像を踏まえ,都市全体あるいは関連する都市計画道路網全体の配置を一体的・総合的に検討する中で変更の必要性を検証し,その理由を明確にして必要なものを変更すべ

きことを要請しているが，路線や区間ごとの都市計画の変更を禁止するものではない。

伊東市は，本件変更決定に至るまでに，基本計画を策定し，伊東市中心市街地における各都市計画道路の幅員の変更，都市計画道路の新設を検討し，市街地内交通に関しては，国道135号バイパスと伊東大仁線のT字型道路で通過交通を処理し，通過交通と域内交通を分離することを図ること，伊東大仁線は全線で16メートル又は17メートルに幅員変更することなどを検討し（乙9），道路網計画を策定し，環状道路等の新設や伊東大仁線等の拡幅からなる6路線の整備を内容とする基本計画道路網（マスタープラン）を立案し，市街地内交通の円滑を図るための環状放射網の確立，都心部の幹線道路軸形成を基本方針としながらも，伊東大仁線を都心部において都市軸を形成する幹線道路と位置づけていた（甲59，丙1）。さらに，計画変更資料は，110メートル区間だけの整備の必要性を検討するのではなく，上位計画の整理や伊東大仁線の整備済み区間についての今後の整備のあり方も検討している（甲60）。したがって，本件変更決定にあたっては，都市全体あるいは関連する都市計画道路網全体の配置について検討を怠っていない。

また，基本計画においては，幹線道路の整備の初動期に伊東大仁線の国道135号線から国道135号バイパスの間（110メートル区間）を幅員17メートルに拡幅延長することが計画されていた（乙9）のであり，道路網計画でも，整備の必要性，実現性などの諸要素を検討して整備の優先度を評価し，伊東大仁線の110メートル区間を含む区間は優先度が高いとしていたので，本件変更区間の変更の必要性についても検証されているといえる。

なお，運用指針は，単に長期未着手であるとの理由だけで路線や区間ごとに見直しを行うことは望ましくなく，都市全体あるいは関連する都市計画道路全体の配置等を検討する中で見直されるべきであるとしている。しかし，本件変更決定は，長期間未着手であるとの理由だけで路線や区間ごとの見直しを行ったものではなく，前記のとおり，伊東市中心市街地全体，伊東市全体の道路網整備のあり方などを検討し，構造令の改正，安全，快適な歩道区間の確保などの理由で，整備の優先度を考慮して見直しを行ったものである。

ウ　原告らは，被告らが，「将来（平成22年）において，伊東大仁線全線の拡幅変更，整備が必要であると認識している」と主張する一方で，その将来必

要なものを一体的かつ総合的に定めずに本件変更決定を行い，そのことについて，「その変則性は将来的に全線変更・整備によって解消される」と主張しているが，これは，伊東市の将来にとって必要とするものを一体的・総合的に定めず，変更する必要のあるものの変更を怠っており，法13条1項本文の要請に反するとともに，「変更の必要が生じたときは，遅滞なく，当該都市計画を変更しなければならない」と規定した法21条1項に違反すると主張する。

しかし，被告らが，本件変更決定によって，一体性・総合性に違反する変則的な状態が発生したと認め，それは，将来の伊東大仁線全線の幅員変更によって解消されると主張しているとはいえないから，原告らのこの主張は前提が異なっている。

なお，都市計画の目標年次に都市計画道路の全線の幅員変更が必要な場合に，その中間の年次において，一部区間のみの変更決定をしたとしても，区間ごとの整備の優先度，住民の理解を求める手続にかかる時間，整備に必要な予算の裏付けなどを考慮して，一部区間の変更をすることが必要な場合もあるから，都市計画を一体的かつ総合的に定めなければならないという法13条1項に違反するとはいえない。

エ　原告らは，全線拡幅変更が必要であるとしながら，段階的に都市計画変更を行った場合，次の変更決定がなされるまでの間，残された区域の建築に対しては，法53条，54条による建築制限が及ばないため，現況道路幅員を前提とした堅固で大型の建物も自由に建築できることとなり，後から解体撤去するために無益な支出が必要となり，また，住民との合意形成にも大きな困難が生ずることになるから，段階的に都市計画変更を行うことは法の要請に反すると主張する。

しかし，基本計画では，幹線道路は初動期，発展期，充実期の3期に分けて整備を行うこととし，初動期に伊東大仁線の国道135号から国道135号バイパスまで（110メートル区間）整備を行い，同区間を幅員17メートルに拡幅整備することが急務であるとして，同地区が緊急整備地区と位置づけられており（乙9），また，道路網計画では，伊東大仁線の110メートル区間を含む区間は優先度が高いとされていたこと，本件変更区間を含む区間の地権者らに対しては何度も説明会を開催していたが，伊東大仁線全線の

地権者らに対しては全く地元説明会を開催していなかったこと，これらの理由から，優先度の高い本件変更区間のみ変更決定したのであるから，このような判断が著しく不合理であるとか，裁量権を逸脱・濫用したものとはいえない。

オ　伊東大仁線沿道は，用途地域指定は大部分が商業地域，残りは近隣商業地域となっており，全線が準防火地域の指定地域の中にあり，沿道ホテル，旅館等が立地し，ほぼ全区間で道路の両サイドに堅牢建物が建っており，特に駅前通り線（都市計画道路伊東下田線）から西小学校の間は，両側に大規模ホテルが立地している（甲60）こと，また，計画変更資料では，伊東大仁線の整備済み区間の沿道には，大規模施設の立地が進み，現在の状況での都市計画変更は難しい面が数多くあるとして，整備済み区間の歩道等の整備については，①民間の空間を活用し重層的・一体的に歩道を確保する方策，②地区計画制度の活用等の手法を活用すること等が検討されている（甲60）ことなどから，原告らは，整備済み区間の拡幅整備は不可能であり，本件変更決定による一部区間だけ道路幅員が拡幅され，変則的な道路幅員と町並みが残ることとなり違法であると主張している。しかし，整備済み区間の幅員の変更は，上記のとおり困難が予想されるとはいえても，直ちに不可能とまではいえないし，将来において，結果として，都市計画道路の幅員が途中で変わることがあったとしても，そのことを理由として，本件変更決定が違法であるとか，裁量権を逸脱・濫用したものであるとまではいえない。

(6)　本件変更決定が上位計画との適合性に欠け，広域的見地から決定すべきとの法15条1項3号，政令9条2項の要請に反しているとの主張について

ア　国の広域交通網計画等の状況は以下のとおりである。

①第二東名自動車道（以下「第二東名」という。）の計画（甲15の1）

東名自動車道の北部の位置に，第二東名が計画され，既に一部は実地計画が認可されている。

②伊豆縦貫道の計画（甲15の2及び3）

伊豆縦貫道は，沼津・下田間を結ぶ，伊豆半島の中央を南北に縦貫する道路であり，国道135号,136号，414号の交通混雑緩和を図ることが期待されている。一部区間のみ供用が開始され，調査中，事業中の区間

が多数存在する。

③伊豆地域幹線道路網軸のあり方（案）（甲15の3）

建設省沼津工事事務所作成の「伊豆地域幹線道路網軸のあり方（案）」によると，伊東市と伊豆縦貫道とを東西のアクセス路線によって結ぶことが構想されている。

④伊東市の交通網構想・計画（甲1504）

伊東市では，「伊東市広域幹線アクセス道路整備促進期成同盟会」が組織され，伊豆縦貫道とのアクセス道路計画を進めている。この計画では，伊豆縦貫道への北部，南部両アクセスルートの整備促進が重要であるとされ，伊東市は近隣関連市町とともに，この推進を国，県に要請している（甲16の2から5）。なお，北部及び南部アクセスルートとすることが構想されている道路の一部区間で整備が行われているが，正式にアクセス道路として整備が行われたものではない（乙24・8頁）。

イ　原告らは，伊東大仁線と重複する県道伊東修善寺線は，国道135号バイパス，北部アクセス道路を通じて，伊豆縦貫道との計画的関連性を持つものであり，平成22年を目標年次とする道路網計画（丙1・130頁）においては，国道135号バイパスの伊東市街地，宇佐見市街地部において容量不足が見られるため，6車線化を提案するとしているのに，この6車線化を放置していることから，本件変更決定は目標年次における道路網との有機的関連性がなく，広域的ネットワーク機能を損ね，上位計画と適合していないと主張する。

しかしながら，道路網計画において，伊東大仁線は都心部において都市軸を形成する幹線道路として位置づけられていることから，国道135号バイパスと伊東市中心部との接続を図るために本件変更決定をしたものと考えられるし，また，伊豆縦貫道の整備状況が上記のとおりであり，北部，南部各アクセスルートは整備促進を要請している段階であったことからすれば，国道135号バイパスの6車線化と合わせて本件変更決定を行い，伊東大仁線と伊豆縦貫道のアクセスを高めなかったことが，上位計画に適合しないとはとうていいえない。

(7)　補助金取得目的

原告らは，地元説明会における伊東市の説明などから，被告及び伊東市が

不正な補助金を得ようとする動機で本件変更決定をしたのは明らかであるから, 行政権の著しい濫用があると主張する。

しかしながら, 都市計画道路を整備するためには限られた財政の中から予算を確保する必要があるから, 本件変更決定に至る過程で, 伊東市が県及び国の補助金の取得を考慮したことが直ちに不当な動機であるということはできない。また, 本件変更決定が変更区間の幅員を17メートルとしたのは, 補助金の取得を唯一の目的としたものではなく, 構造令の要請などがあったためであることからすれば, 本件変更決定が裁量権の逸脱・濫用であるということはできない。

(8) 変更手続における違法について

ア 基本的事項の指示及び下協議について

(ア) 都市計画法の施行について(通達。甲52, 乙12)は, 「新法においては, 都市計画の決定権者は, 建設大臣又は都道府県知事及び市町村とされているが, 都市計画は市町村にとって都市のあり方を決定する重要な行政であることにかんがみ, 都道府県知事が定める都市計画又は建設大臣が定める都市計画について, 都道府県知事がこれを定め又はその案を作成する場合においては, 基本的事項を市町村に示して市町村がその原案を作成することを原則とし, 都道府県知事が必要な調整を行ってその案を定め又はその案を作成するよう運用すること」と定めている。

また, 都市計画に関する事務の手引き(手引き。甲40)は, 県知事が決定する都市計画については, あらかじめ県から基本的事項に関する指示を受けて, 市町村において原案を作成し, 県都市計画課及び事業担当課技術担当者と原案作成協議 (以下「下協議」という。)を行うものとし, 下協議は, 計画の妥当性及び技術的事項の検討について行うとしている。

原告らは, 伊東市が, 県からの基本的事項の指示を受けずに, また, 県との下協議のないまま, 110メートル区間を拡幅する内容の提案を地元住民に提示し続けたこと等が手続の瑕疵であると主張する。

(イ) しかしながら, 通達に定めた手続に違反したとしても, 同手続によってされた政策決定が直ちに違法となるものではない上, 通達では基本的事項を市町村に示して市町村がその原案を作成することが原則であると定めており, 例外も認められること, 都市のあり方の決定に関して重

大な利害を持つ市町村が独自の立場で都市計画の策定を進めることにも合理性が認められることからすると，被告による基本的事項の指示がある前に伊東市が都市計画の原案の作成に着手したことが，違法であるとはいえない。

（ウ）　また，手引きに沿っていない手続も，通達に沿っていない手続と同様に，違法となるものではない。

なお，前記認定のとおり，伊東市と県との協議は平成7年ころから行われるようになったこと，当初は，伊東市は110メートル区間について都市計画変更することを主張していたが，県は伊東大仁線全線の変更をすべきであるとの意見を持っていたので，両者の主張には対立があったこと，その後，平成8年4月18日の説明会に先立って，県と伊東市の協議で360メートル区間の変更をする方針を立てたこと，しかしながら，360メートル区間の住民の反対があったことから，県と伊東市は，平成8年9月19日の説明会に先立つ協議において，180メートルの区間について都市計画の変更をするとの方針を立てたものであること，伊東市長は，平成8年11月5日，静岡県都市住宅部長に対し，伊東国際観光温泉文化都市建設計画道路の変更について（事前協議）と題する書面を送り，原案の事前協議を行っていること，以上の経過が認められるのである。これらの経過に照らすと，伊東市は県と事前の協議を十分に行っていたということができる。

（エ）　住民説明会

法16条1項は，都道府県又は市町村は，都市計画の案を作成しようとする場合において必要があると認めるときは，公聴会の開催等住民の意見を反映させるために必要な措置を講ずるものとすると定めており，住民説明会は住民の意見を反映させるために必要な措置として行われるものといえる。

都市計画を決定しようとする場合に住民の意見を反映させるための必須の手続として法17条の縦覧の制度があるが，都市計画の案を作成する段階でも住民の意見を反映させることが望ましいので，法16条1項が，公聴会の開催等住民の意見を反映させるために必要な措置を講ずることを定めたのである。

しかし，上記法文から明らかなとおり，説明会を開催する必要があるか，また，開催した場合に何回開催する必要があるかなどの判断は都市計画を決定する権限を有する都道府県知事又は市町村がそれぞれの事情に即して裁量で決定すべきものであるから，都市計画の変更が住民への影響が極めて大きいにもかかわらず説明会を一切開催しないとか，都市計画についての実質的な説明を全くしないまま説明会を打ち切ったなどの極端な事情がない限り，違法となることはないと解すべきである。

前記認定のとおり，伊東市は，昭和63年7月7日（ただし，住民全員ではなく，区長，町内会長，副会長，会計，組長等が対象であった。）同年9月6日，平成元年4月25日，同年8月11日，平成2年3月29日，同年5月31日，同年8月24日，平成3年2月26日の合計8回にわたり，110メートル区間の住民等に対して，地元説明会を開催し，その後，地権者などの住民と個別交渉を行い，平成7年7月27日には地元説明会を再開し，以後，平成8年9月19日まで，合計8回の説明会を開催している。

これに対し，原告らは，説明会において拡幅を必要とする根拠の説明がなかったと主張するが，前記認定のとおり，伊東市は，平成7年7月27日に再開された説明会では，伊東大仁線は伊東市の交通体系の骨格となる路線であり，緊急避難路として位置づけられていることを説明し，住民からの質問に対し，歩道をなくすことができないこと，右折レーンを設けなければならないことから幅員が17メートルになるとの回答をしていること，360メートル区間への変更を提案した平成8年4月18日の説明会では，伊東大仁線は伊東市の交通体系の骨格となる路線であり，都市交通機能，都市環境保全機能等を持つ道路であること，近年の交通量の問題，歩道幅が狭いことから幅員17メートルに拡幅するようお願いしていたが，県から伊東駅海岸線等とのつながりを重視すべき旨の指導を受けたことから，360メートル区間を整備することとしたと説明していること，また，初めて360メートル区間の住民を対象とした平成8年5月20日の説明会でも，都市計画課長が従前と同様の変更理由の説明をしたことなどからすると，変更理由の説明がなされていないということはできない。

なお，原告らは，市の担当者が個々の質問に答えなかったことなどを

もって，説明会の手続に瑕疵があると主張するが，原告らが主張する事実を総合しても，説明会の手続に重大な不備があったということはできない。

イ　公聴会を開催しない違法

（ア）　法16条1項が，公聴会の開催等住民の意見を反映させるために必要な措置を講ずることとしたのは，都市計画の案の作成段階で住民の意見を反映させるためであるが，公聴会等を開催するか否かは都道府県知事又は市町村の裁量に委ねられており，また，公聴会・説明会などの方法ののうち，どの方法を選択するかも同様に裁量に委ねられているといえる。

原告らは，都市計画法の運用Q&A（乙13）に公聴会の開催等の手続をする必要があると認めるときの例示として，都市構造に大きな影響を及ぼす根幹的な施設を定める場合が挙げられており，本件変更決定はこれに該当するから，公聴会の開催をしなかったのは違法であると主張する。

しかし，本件変更決定は，伊東大仁線の180メートル区間について幅員を11メートルから17メートルに変更するものであるから，乙13が他に例示する市街化区域と市街化調整区域の線引き，用途地域を全般的に再検討するなどの地域地区の再編成，道路網の全体的な再検討など，広範囲の多数の住民に直接影響を及ぼすような都市計画の決定，変更とは異なっている。その上，本件変更決定にあたっては，前記のとおり説明会が開催されており，計画案作成段階においても住民の意見を反映させる機会があったこと，さらに，公聴会の方が説明会よりも手続が厳格であるのが通例であり，時間やコストがかかることからすると，被告又は伊東市が公聴会を開催しないと判断したことが裁量を逸脱し，違法となるとはいえない。

（イ）　原告らは，平成8年9月19日の説明会において，公聴会の開催を約束したのに公聴会を開催しなかったことは，信義に反する旨主張している。

しかし，上記説明会においては，原告島田が公聴会というのはやりますかと質問したのに対し，都市計画課長が公聴会という制度があり，昨年伊東市でも用途地域の指定替えの際に公聴会を開いたとの説明をしたにすぎないのであるから（甲61），仮にそのことによって，原告島田らに公聴会の開催があるとの期待を持たせたとしても，公聴会の約束をした

ものとはとうていいえない。また，都市計画課長は，県が公聴会を開催しない方針であることを知り，平成９年１月17日，地権者らに対し，平成８年９月19日の説明会で話した公聴会は行わず，被告に対する意見書の提出で対処したいとの通知を出した（甲31）ことからすれば，公聴会を開催しなかったことが信義則に違反するとはいえない。

ウ　決定段階の手続の違法

（ア）伊東市都市計画審議会における手続

原告らは，平成９年１月14日の第11回伊東市都市計画審議会において，伊東市が住民が了解しているとの虚偽の説明をしたので，法18条１項の関係市町村の意見形成の手続に重大な瑕疵があると主張する。

しかしながら，市町村が都市計画審議会を設置すべきことは法律上義務づけられたものではないので，伊東市都市計画審議会の手続に瑕疵があったとしても，法に違反するとはいえない。その上，同審議会においては，委員からの質問に対し，都市計画課長が，豊島屋さんから旧静岡銀行の間の方々につきましても，補償がどうなるかというような意見交換もございましたので，理解が得られていると思っていますなどとの回答をしたこと（丙10の1）が認められるが，これが明らかな虚偽の報告ということはできない。また，原告らは，平成９年２月17日の第12回伊東市都市計画審議会において都市計画課長がした住民からの意見書の数や内容の報告が不正確であることなどから，法18条１項前段の手続に瑕疵がある旨主張するが，都市計画課長が30通の意見書が出たこと，条件付（代替地希望）賛成と反対に分かれていると説明したこと（丙10の2）が明らかな虚偽であるとはいえない。

（イ）　法18条１項，21条２項が都市計画を変更する際には都市計画地方審議会の議を経ることを義務づけていることからすれば，同審議会における審議の手続に瑕疵があり，その瑕疵が審議会の結論に影響を及ぼすような著しいものであった場合には，上記審議手続は，法18条１項又は21条２項の規定に違背する違法なものとなるというべきである。

原告らは，平成９年３月17日の静岡県都市計画地方審議会において，県都市計画課長が，意見書の提出数が30通のところを36通と説明し，また，地権者数が31名のところを15名とする誤った説明を行ったこと，

伊東市収入役が，補足説明の際，「個々の補償等の話が具体的にできず，これに対する生活不安が意見書となって現れたものであり，これを真摯に受け止めてこれまで以上に対話を重ねていく」と意見書の内容を歪曲して説明したことから，同審議会の手続には瑕疵があると主張する。

しかし，意見書の提出数が30通であったのを36通と説明したことも，また，地権者数が31名のところを15名とする誤った説明をしたとしても，委員が多数の意見が提出されたことを理解することができたといえるから，審議の結論に影響を及ぼすような著しい瑕疵であったとはいえないし，伊東市収入役の説明も，上記発言に先立って，多くの反対意見が寄せられた事実も述べているのであるから，事実を大きく歪曲したとはいえない。

また，上記審議会に先立つ平成9年3月3日に，意見書の全文をおおむね書き写した意見の要旨を審議会の委員に送付しており（乙24・12頁，乙14)，委員はこれによって住民の意見を把握することができたのであるから，上記説明に誤りがあっても，審議会の手続に瑕疵があるということはできない。

なお，原告らは，同審議会において，伊東市収入役が，「最近収束した群発地震において，避難について再検討を行った結果，本件区間の避難路としての重要性が再認識された」と説明したが，避難のシミュレーションは松原大火を契機に行われたものであること，また，津波の際には山側方向に避難するのが常識であるので，本件変更区間は避難路として重要視されるものではないことから，適切な審議を阻害したとも主張する。しかし，災害時の避難のシミュレーションを行ったきっかけが違っていても，審議の結論に影響を及ぼすとはいえないし，伊東大仁線を災害時の避難路とすることについても一応の合理性が認められるのは前記のとおりであるから，手続に瑕疵があったとはいうことはできない。

エ　以上によれば，本件変更決定の手続に違法は認められない。

3　総括

以上を総合すると，本件変更決定を違法とするような重大な裁量権の逸脱，濫用は認められず，本件変更決定は適法である。

したがって，本件変更決定が違法であることを前提とする原告らの請求には理由がないから，これらを棄却することとし，主文のとおり判決する。

静岡地方裁判所民事第2部